U0363922

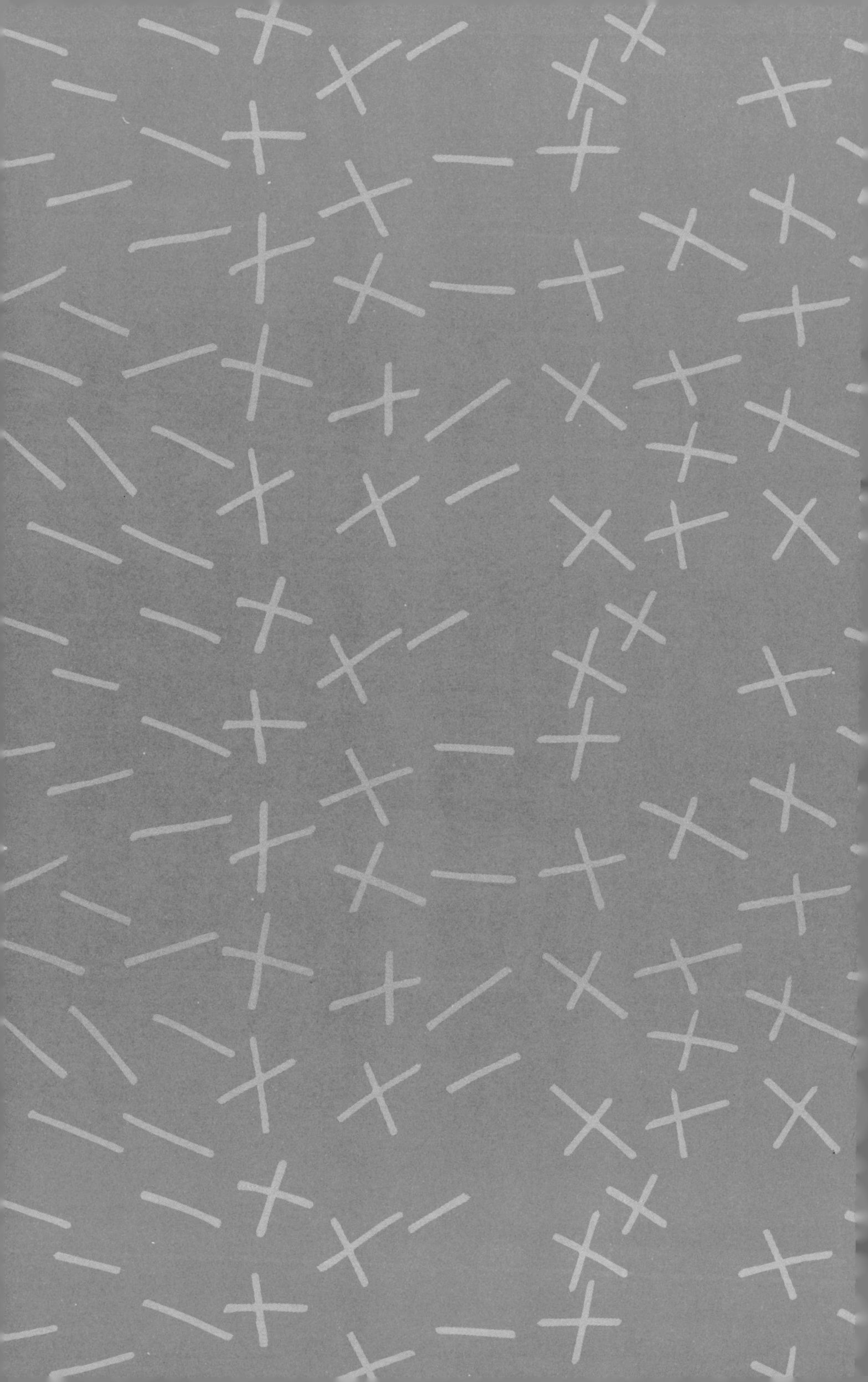

青少年科普丛书

# MIND & BRAIN
# 思维与大脑

〔英〕安格斯·格拉特利（Angus Gellatly） 著

〔英〕奥斯卡·萨拉特（Oscar Zarate） 绘

彭扬 姜莉 译

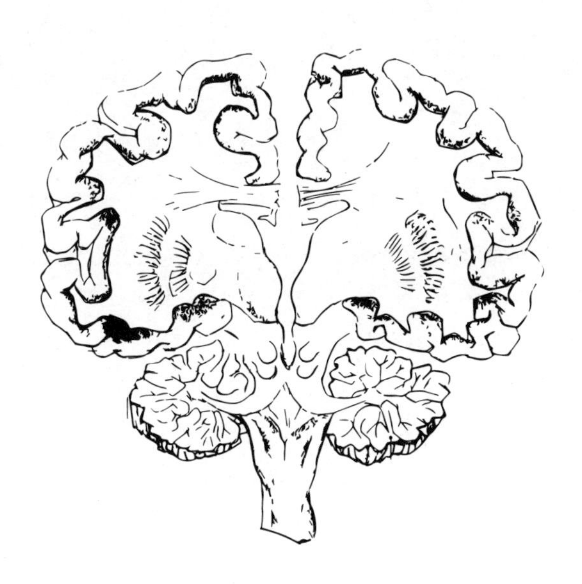

重庆大学出版社

# MIND & BRAIN
# 目录

MIND & BRAIN

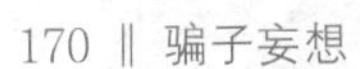

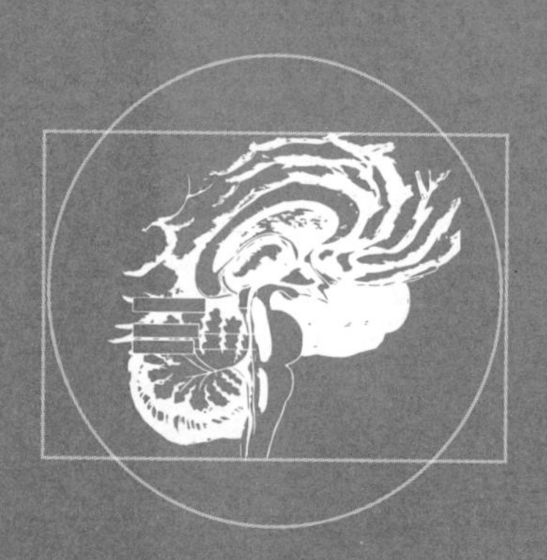

本书主要介绍生物器官大脑及其运转方式即思维。

与其他身体部位一样，进化使大脑适应了特定的环境和生活方式。如果说大脑实现了进化，而它又是思维的载体，那么思维是不是也随之进化了？对于这个问题，答案既是肯定的也是否定的。灵长类动物的大脑与“生物思维”在丛林或在热带草原的生活中实现了进化。通过进化，灵长类动物能够更好地解决寻找食物与住所、繁殖及照料下一代等特定问题。

然而，人类的思维不仅仅是一种进化了的“生物思维”，它还是一种社会化的“文化思维”，可以解决音乐创作、阅读、绘画、计算机编程和选举投票等一系列“非自然”问题。文化思维是一种自反思维——能反映文化思维本身。在某种程度上，思维就是我们谈论与思考的方式。

## 思维与大脑：发展简史

在很长一段时间里，人类知道大脑的存在，却不知道它的功能。大量早期原始人头骨都有受到人为损害的迹象，这表明至少在300万年前，我们的祖先就已经明白大脑是一个重要器官。

斯坦利·库布里克（Stanley Kubrick）的经典科幻电影《2001》（1968）在影片开头为我们上演了原始人类祖先的杀人场景。

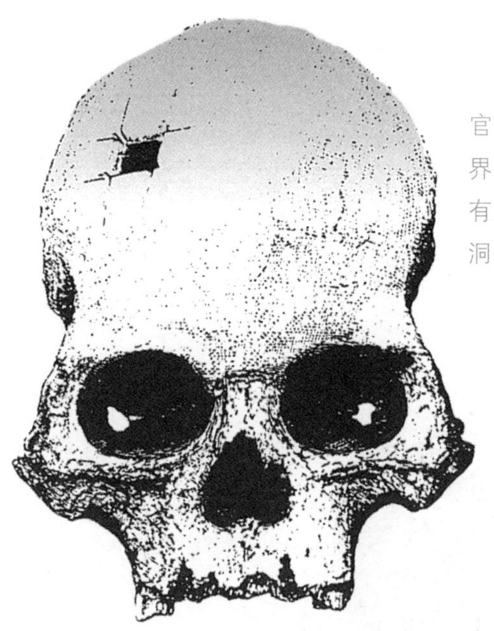

人们把大脑看成身体的重要器官，1万年前的头骨可以为证。世界各地出土的新石器时代头骨中就有人为刮削或被钻了孔的头骨。其洞孔边缘光滑，有明显的愈合迹象。

在头骨上穿孔可能是为了治疗头疼、抽搐、精神错乱或“邪灵附体”。

保罗·布罗卡（Paul Broca，1824—1880）

头骨穿孔法在欧洲一直持续到较近时期，许多文化中依然在使用这种方法。与头骨穿孔法相比，现代技术电惊厥疗法（ECT）并没有更强的理论证据。

新石器时代的“医生”为“病人”做头骨穿孔时，他们会认为自己在治疗病人的身体、思维、精神还是灵魂？这一点我们可能永远都不得而知，而他们也可能根本就不清楚其中的区别。

## 思维的产生

公元前 8 世纪的《荷马史诗》是欧洲最早的长篇著作。它所包含的《伊利亚特》（*Iliad*）讲述了特洛伊木马屠城事件，而《奥德赛》（*Odyssey*）讲述了英雄奥德修斯 [Odysseus，在罗马被称为尤利西斯 (Ulysses)] 从特洛伊返回本国的历程。

令人惊讶的是，这些作品中几乎没有提到我们所说的“思维”。荷马在诗中所使用的词汇不包括诸如“思考”“决定”“相信”“怀疑”或“渴望”等心理术语。故事中的人物没有自由意志，不会自己决定做任何事情。

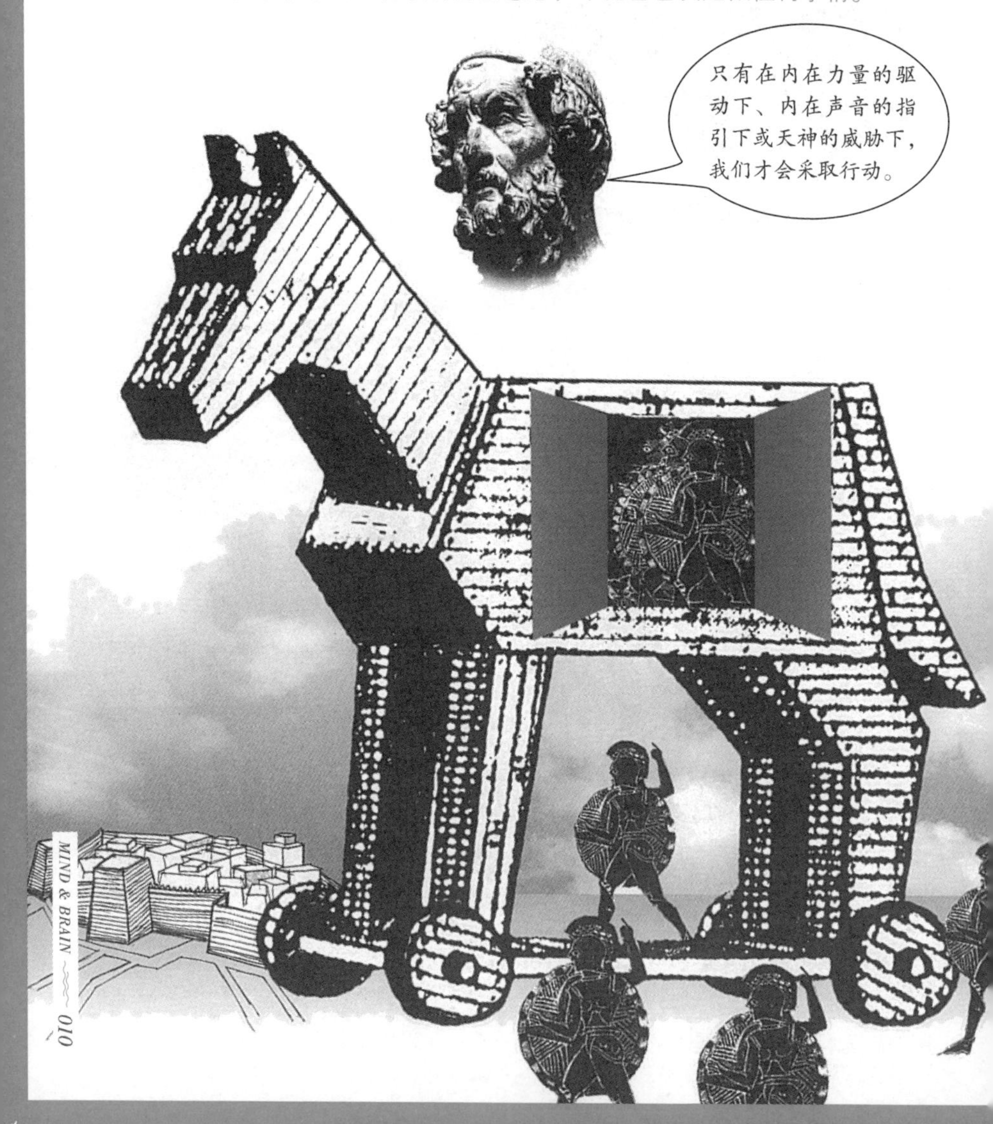

只有在内在力量的驱动下、内在声音的指引下或天神的威胁下，我们才会采取行动。

对于我们所说的思考或沉思，荷马时代的人会用对话或听从自己的身体器官来代替："我告诉我的内心"，或"我的内心告诉我"。他们用这种对我们而言有些陌生又有些熟悉的方式来表达感觉与情绪。感觉通常源自身体的某一部位，往往是腹部。猛吸一口气、心脏的跳动、大声呼喊都属于感觉。感觉不仅仅是内在的，它与身体的表现是相互联系的。

《伊利亚特》和《奥德赛》最初由没什么文化的游吟诗人创作，是"歌曲"的书面版，作品传达出了他们口头文化中的信仰与想法。

起初我们把口头文化看成思维，后来逐渐发展出了读写文化。

在口头文化中，人们不能明确分辨思想与表达思想的话语之间的区别。你所说的话即为意图，因此要言出必行，无须签订协议，因为话语本身就是有效的。话一说完就消失了，而书面记录则是固定不变的，可供人们在闲暇的时候学习。这导致书面上的固定符号与其表达的想法之间的差异。字面意思与目的“意思”之间一直都存在差异（如法律上的“字面意思”与“实际意思”）。

想法与表达想法的话语不再是相同的了。
书写与说话如今成了表达预先想法的行为。

理性思维部分作为言语的一个分支分离出来，成了一个独立的概念。人们的行动代表了他们的想法与决定。

有人认为，读写把世界分成了两半，一半是我们所闻所见的世界，是话语与行动的世界。另一半则是由思想、意图与欲望组成的无形的精神世界。正如人们在物质世界交谈、行动一样，在柏拉图时代，有文化的希腊人创造了一个能够容纳思想、意图与欲望的空间。这个隐喻性的空间最初被称为心灵，而现在则被称为思维。

## 思维是什么?

看得出来，这个问题的答案并不简单。努力理解大脑与行为或大脑与思维之间的关系，实际上就是研究这些词到底意味着什么。一些大脑功能完全是在无意识中发挥作用的，例如体温控制。而其他功能在大多数情况下也是无意识的，但又不总是如此，例如呼吸，你如果不主动屏住呼吸，那么它通常都是在无意识中发生的。我们通常把这些功能称为身体功能而非心理功能，但二者的区别并不明显。

在识别物体时，你可能很清楚它是什么，比如说一本书。但你却没有意识到自己是如何识别的。

回想某个事物的名称时，你往往意识不到回忆的过程。

因此，我们可以把识别与回想看成身体行为，而（有时）把其结果看成有意识的行为。

虽然我们不能确切地说清楚思维是什么，但我们对它的作用却有所了解。思维让我们看清世界，主动行动。思维包括看、听、摸以及所有其他感觉，情绪体验也包括在内。

运动（通常被称为机械运动）、思考、记忆以及计划似乎都源于思维。
思维也包括自我意识以及自由意志。

希腊人创造了精神心理学，这一学科用了感觉、思考、想要以及决定等诸多词语，之后逐渐演变成了常识或大众心理学。但这能满足当今的需求吗？我们如何通过思维与自我的隐喻来了解大脑的运作方式？ 这些问题是本书的核心。

## 认识大脑

人类大脑的平均重量约为3磅（1.4千克），主要由包裹着大部分其他（皮层下）组织的左、右脑半球，以及在后部与脊髓相交的核桃状小脑组成，脑半球表面是褶皱的皮层组织（来自拉丁语，皮层，“树皮”）。褶皱增加了头骨周围可用的皮层表面积。

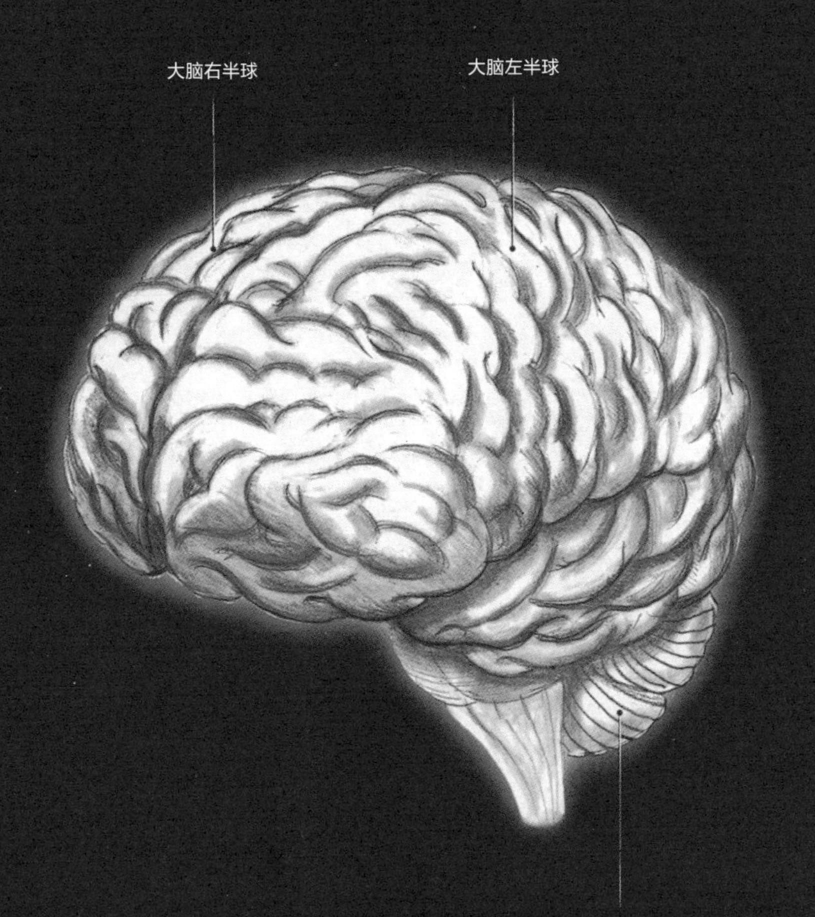

在多种古语中，人们用同一个词来表示大脑和骨髓。古希腊人和中国人都认为这两者来自精液。

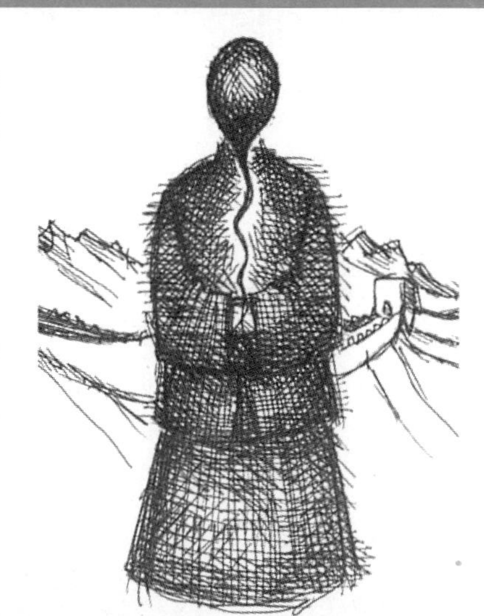

中王国时期（The Middle Kingdom，公元前 2040—公元前 1786）的埃及人并不重视大脑，在保存尸体时，他们会保存心、肺、肝、肾等器官，却不会保存大脑。

## 物质还是精神?

希腊医生希波克拉底（Hippocrates，公元前 460—公元前 377）拒绝神灵与鬼魂导致身心疾病的观点。在身体与思维的关系方面，他坚持唯物主义的观点。

柏拉图（公元前 429—公元前 347）不接受唯物主义体液说，他坚持灵魂存在于身体的三个部位。

头部负责理性与感知。
心肺负责勇气、骄傲等高尚情感。
所有感觉、思想以及对身体的控制都源于大脑。
肝肠负责贪婪、欲望等基本情感。

健康、情绪与气质取决于四种体液的平衡——血液、痰、胆汁与黑胆汁。当体液不平衡损害身心健康时，可以用放血、挨饿、清洗等方式来治疗。

灵魂的第一部分是不朽的，但第二部分和第三部分却是易腐的。

亚里士多德（公元前384—公元前322）知道触摸大脑不会引起任何感觉。因此他判断心脏才是产生感觉的地方。

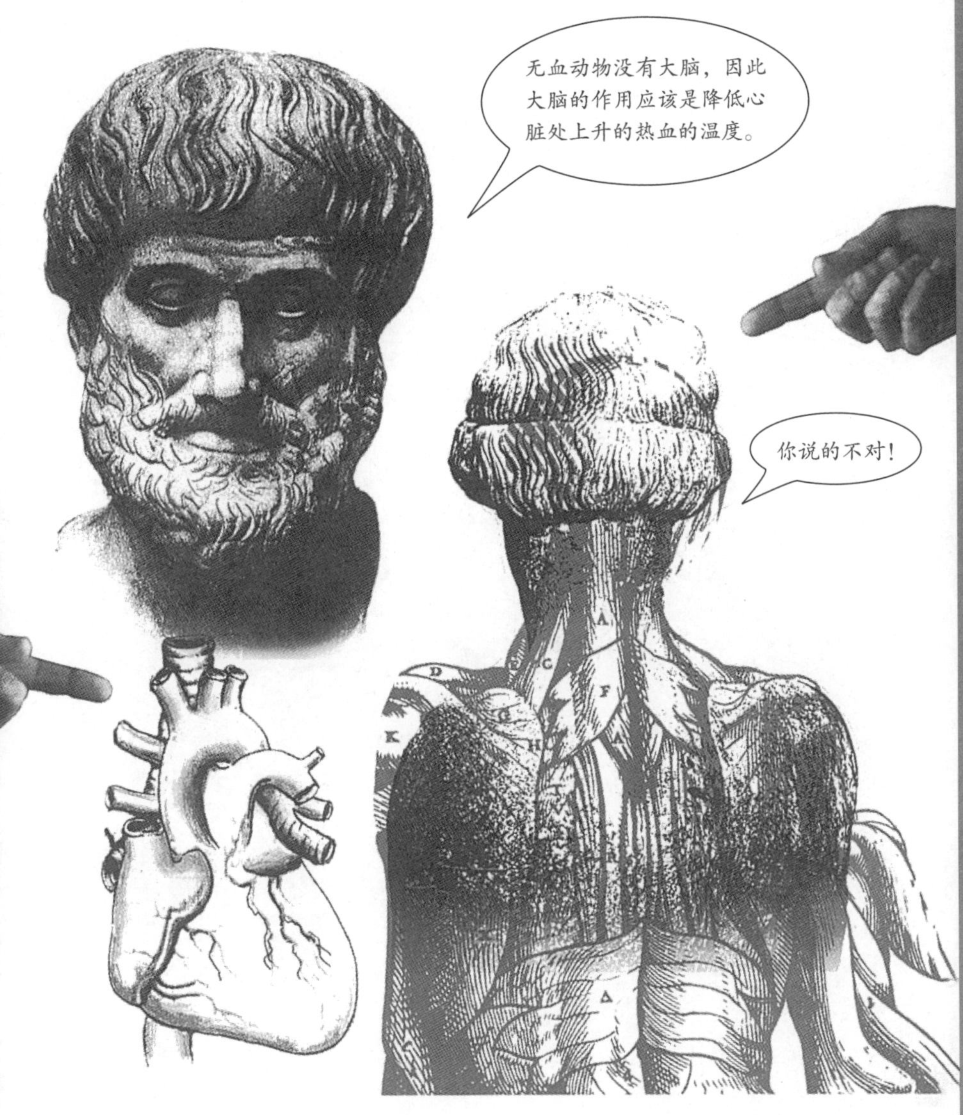


伽林（Galen，129—199）是罗马时代的一位希腊名医。通过动物解剖、实验、临床实践以及观察角斗士中的受伤人员，他得出结论：大脑是负责感觉及自主运动的器官。

关于大脑假说与心脏假说的争论一直持续到中世纪以后。

## 地图绘制者先锋

欧洲地图绘制与航海的伟大时代始于文艺复兴时期。科学家们不仅绘制了横跨海洋的“新世界”地图，尼古拉斯·哥白尼（Nicholas Copernicus，1473—1543）和伽利略·伽利莱（Galileo Galilei，1564—1642）等天文学家还绘制了天上的天体图，同时，前沿解剖学家列奥纳多·达·芬奇（Leonardo da Vinci，1452—1519）、安德烈斯·维萨利乌斯（Andreas Vesalius，1514—1564）等人也绘制了人体内部图。

Stars
Saturn
方方面面都有新认识。

## 空白的心灵

从古希腊时代开始，大脑假说的支持者就相信灵魂与智力的载体并不是大脑组织，而是被称为脑室的内腔。

维萨里（Vesalius，比利时医生、解剖学家）认为吸入的空气和从心脏升起的精气在脑室汇集，之后被转换为动物精气。这些元气通过中通的渠道被输送到感觉及运动器官。这与神经如何发挥作用的化学理论相似。

动物精气会释放垃圾产物，例如上升的气体以及下沉的黏液。

安德里亚斯·维萨里
（Andreas Vesalius）

## 脑室、组织与思维

大脑有多少脑室？关于这个问题，一直存有争议。人们认为不同的功能——如记忆、思维、判断及推理——处于不同的脑室。直到弗朗西斯卡·德·拉·博伊（Franciscus de la Boë，又称为西尔维厄斯，1614—1672）和托马斯·威利斯（Thomas Willis，1621—1675）提出新的理论后，之前的争论才停止。

在哲学家勒奈·笛卡尔（René Descartes，1596—1650）看来，有意识的思维 / 心灵和身体是完全分开的。

## 一种被称为万灵药的鱼

在治疗瘫痪、头痛、关节炎及痛风等一系列疾病时，罗马医生会让患者站在一种电鱼上，他们认为电鱼上的重要生命力可以借此转移到病人脚上。

到了18世纪中叶，电力物理学和发电机技术的进步使电疗法再次成为时尚。人们认为大脑是发电机，神经是电流通过的传输线。

1786年，我发现对青蛙腿部神经进行电刺激会引起其腿部肌肉收缩。



路易吉·伽尔伐尼（Luigi Galvani，1737—1798）的发现为现代神经传导的观念奠定了基础。

电疗法，又被称为直流电疗法，在 19 世纪变得更加流行，被用来治疗一切疾病。

满怀热情的直流电学家还对动物大脑以及被斩首的罪犯尸体等进行了实验。

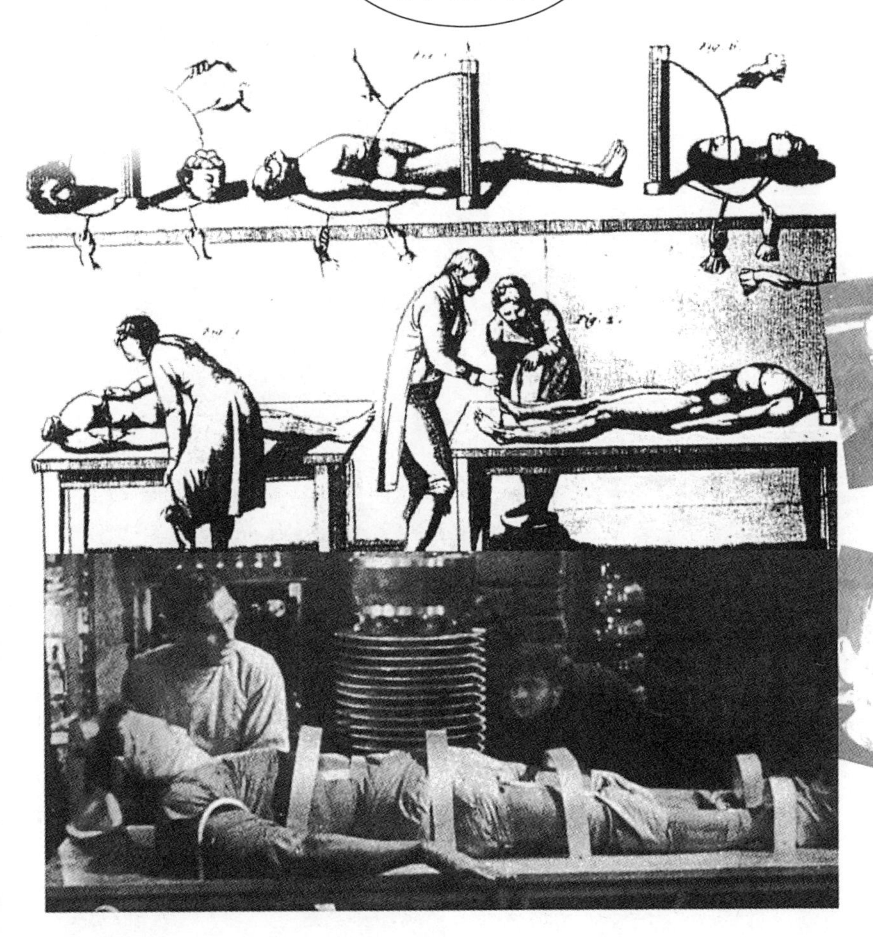

我们的“外科手术文化”很容易忽略这项研究所引起的恐惧与厌恶之感。但 1818 年玛丽·雪莱（Mary Shelley，1797—1851）在她的小说《弗兰肯斯坦》（*Frankenstein*）中充分表达了对这种研究的恐惧与憎恶之情。

## 头上的鼓包

19 世纪早期也见证了弗朗茨·加尔（Franz Gall，1758—1828）和约翰·斯柏兹姆（Johann Spurzheim，1776—1832）所提出的颅相学的发展。两人都是技艺精湛的神经解剖学家，并坚定地相信以下两点。

大脑是思维的器官。
不同的心理与道德功能位于特定的皮层区。

不过，他们还认为个体记忆、关爱后代等功能的程度取决于相应大脑区域的大小，而这一点反过来又会反映在该区域头骨的形状上。如果父母关爱子女，那么父母头上相应的地方就会有一个鼓包。人们认为通过检查头骨可以分析个性。找颅相学家“摸头骨”在那时变得非常流行，就像 20 世纪人们热衷于去找心理医生一样。但是头脑到底有什么心理功能，这些功能在头骨上如何排列，对此，颅相学家们看法不一、莫衷一是。

## 功能定位的开始

马里耶－让－皮埃尔·弗卢朗（Marie-Jean-Pierre Flourens，1794—1867）是笛卡尔的忠实信徒，他领导了反对颅相学的活动。他认为思维与灵魂是一个整体，不能分成各部分单独分析。通过对电流刺激的影响及大脑特定部位的局灶性损伤（精确定位的损伤）进行研究，弗卢朗作出了三点正确的总结。

智力主要集中于大脑皮层。
小脑对运动协调发挥着重要的作用。
低位脑维持主要身体机能。

不过，他坚持认为各心理功能不能分开，如果从动物身上移除大脑皮层，那么其智力也会按相应的比例降低。

19 世纪，人们开始探索人体内部并尝试绘制人体图，同样，神经解剖学家也开始定位大脑功能区域。19 世纪 60 年代，古斯塔夫·弗里奇（Gustav Fritsch，1838—1927）和爱德华·希齐格（Edouard Hitzig，1833—1907）为定位皮层功能提供了比较有力的证据。

很早以前人们就知道如果大脑一侧受损，另一侧身体会出现抽搐或瘫痪的现象。

1861 年，皮层定位理论有了进一步的支撑。保罗·布罗卡（Paul Broca，1824—1880）指出，语言障碍与左额叶区域受损有关。

患者能理解别人对他说的话，可自己说话时却会出现语言障碍。

这被称为布罗卡失语症。布罗卡区协调语言运动。该区紧邻运动皮层，而运动皮层控制嘴唇、舌头和声带的运动。

1874 年，卡尔·韦尼克（Carl Wernicke，1848—1904）发现接近听力相关组织（听觉皮层）的颞叶区受损会引发另一种语言障碍。

患者说话很流利，但是所说的内容却大多没有意义。

这是韦尼克失语症。

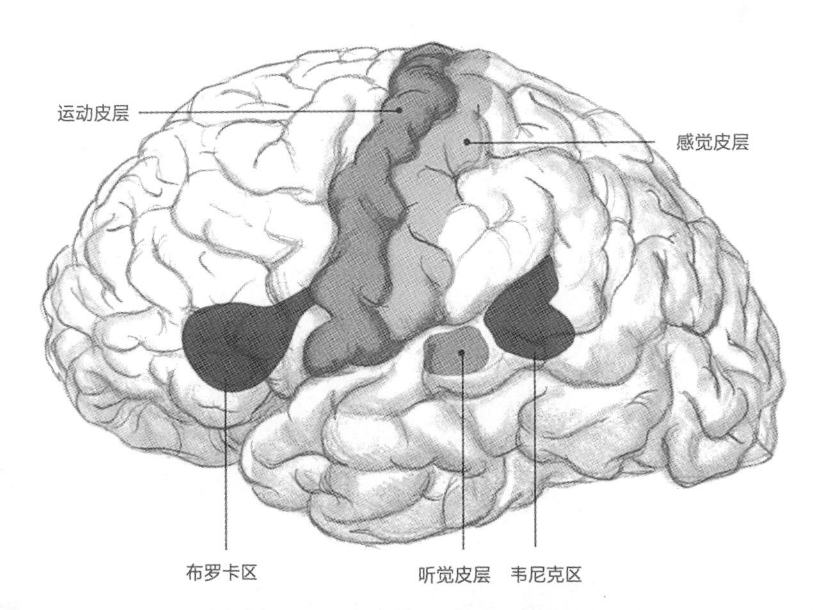

多年以后，神经外科医生怀尔德·彭菲尔德（Wilder Penfield，1891—1976）通过刺激接受脑部外科手术且有意识的患者，绘制了位于前额叶的人类运动带（或运动皮层）。此外，他还绘制出了位于顶叶的感觉带。



* 注意，亚里士多德已经了解到触碰大脑不会引发疼痛或任何其他感觉。

我刺激了你运动带上控制腿部的区域。

虽然取得了一些成功，但是将高水平的心理功能定位于特定的区域或大脑皮层的进展也不断面临阻力。与颅相学家一样，功能定位者们绘制的脑部功能地图也各不相同。

FOOD
我把这条狗的整个大脑皮层都去除了，可它还能站立、走路。
因此，弗里奇和希齐格认为运动中心位于大脑皮层的说法必然是错误的。

弗里德里希·戈尔茨（Friedrich Goltz, 1834—1902）

20 世纪，戈德斯坦（Goldstein）和拉什利（Lashley）承袭了弗卢朗和戈尔茨的整体论，即更高的功能依赖于整个大脑皮层，而功能的丧失取决于大脑组织的受损程度。摩纳科夫（Monakow）和谢林顿（Sherrington）等人则最终放弃了唯物主义，认为更高心理功能所依赖的是灵魂。

## 组合大脑功能说的提出

大脑功能定位说与整体论之间明显存在冲突，而第一个解决这两者之间冲突的人是约翰·休林斯·杰克逊（John Hughlings-Jackson，1835—1911）。休林斯·杰克逊认同简单感觉与运动功能位于大脑皮层各个区域的说法，但他又提出，更为复杂的思考与活动是由大脑中许多简单部分组合起来共同起作用的结果，因此涉及许多不同区域。他还认为，通过功能组合，相对低级和高级的大脑可以从事“相同”的活动。

戈尔茨切除狗的大脑皮层后，狗还能走路、吃东西，但是却不会主动行走觅食了。
显然，从没长过大脑皮层的低等动物也会行走。
但当动物为了某个目标而自主行走时，皮层运动在这种自主运动中发挥着重要作用。
FOOD

婴儿被人扶着走路时主要是脊柱在起控制作用。但随着年龄的增长，孩子最终要学会在大脑皮层的作用下自主行走。
布罗卡失语症患者虽不能说话，但脚趾骨折时却会骂骂咧咧，听到音乐响起也会跟着唱和，这些无意识的反应必然源自皮层下中枢。
这些活动不需要大脑皮层区的参与，而大脑皮层在自主的、非机械性话语的构建中却发挥着不可或缺的作用。

休林斯·杰克逊以及之后的亨利·黑德（Henry Head，1861—1940）认识到，在我们的词汇中，“走”“说”“见”“想”等词虽然只有一个字，却并不意味着这些词所代表的活动也是单一的。

伟大的俄罗斯神经心理学家亚历山大•卢里亚（Alexander Luria，1902—1977）指出，在不同的情况下，不同的大脑区域组合起来可以达到同样的功效。例如，学习新技能需要大脑皮层有意识地进行思考，但在掌握技能之后，人们就可以在无意识之中将控制指令传达到皮层下中枢。

实际上，如果刻意去思考一项已经熟练掌握的技能反而可能会影响技能的发挥。

左转？
可交通指示灯
是红色的！
刹车在哪儿？
有个孩子在……
啊，我的天呐！
那辆卡车
离得太近了！！！

现在……
左转。

## 发展进程

大脑是由血管、腺体或小球体组成的吗？随着科技的进步，对于那些不易看清的复杂器官，人们也能够借助仪器看到其三维图像了，至此，17 世纪的这场辩论才有了进一步的发展。技术进步包括：神经解剖学向前发展；解剖工具更加先进；用于固定和保存脑组织的化学方法进一步推进；显微镜不断改进；组织染色技术得到开发。

19 世纪末，神经系统细胞理论创建。

圣地亚哥·雷蒙尼·卡哈尔

多亏了我发明的染色技术……
……还有我在神经解剖学上的新发现。

## 神经元与胶质细胞

实际上，大脑中有两种细胞：神经元和胶质细胞，神经元细胞约有 1 000 亿个，胶质细胞的数量则更多。神经元，或者说神经细胞，就是我们通常所说的 “脑细胞”。神经元细胞有多种类型，每个细胞都由一个细胞体、一个轴突以及被称为树突的许多分支纤维组成。

人们对胶质细胞所知甚少。胶质细胞的作用是生产髓鞘，即一种多脂肪的绝缘物质，可以包裹许多轴突。多发性硬化症等几种神经退行性疾病的共同特征是髓鞘缺失。

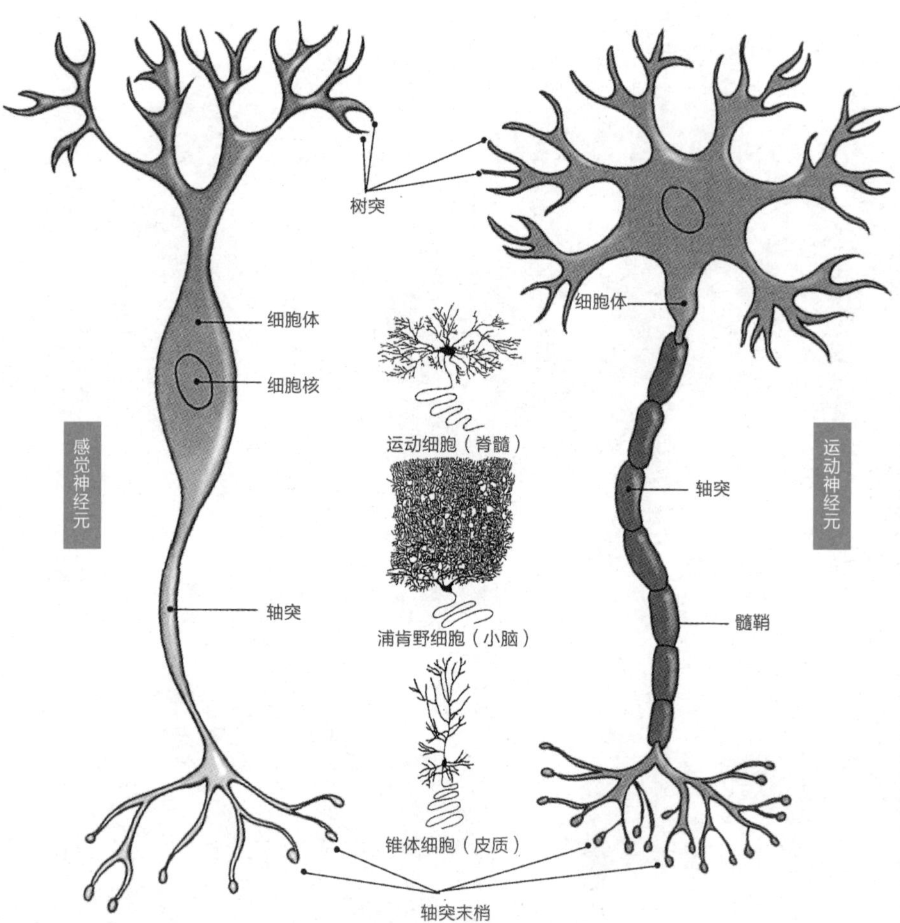

## 大脑灰质与白质

如图所示，许多细胞体紧密堆积在一起所形成的组织是“灰质”，也叫皮质。带有髓鞘、外形细长的轴突与不同细胞（细胞核）群相连，形成的组织为 “白质”。

大脑皮层表面迂回卷曲，使大脑的大部分被隐藏在褶皱状的脑沟里，而将脑沟分开的脊则被称为脑回。

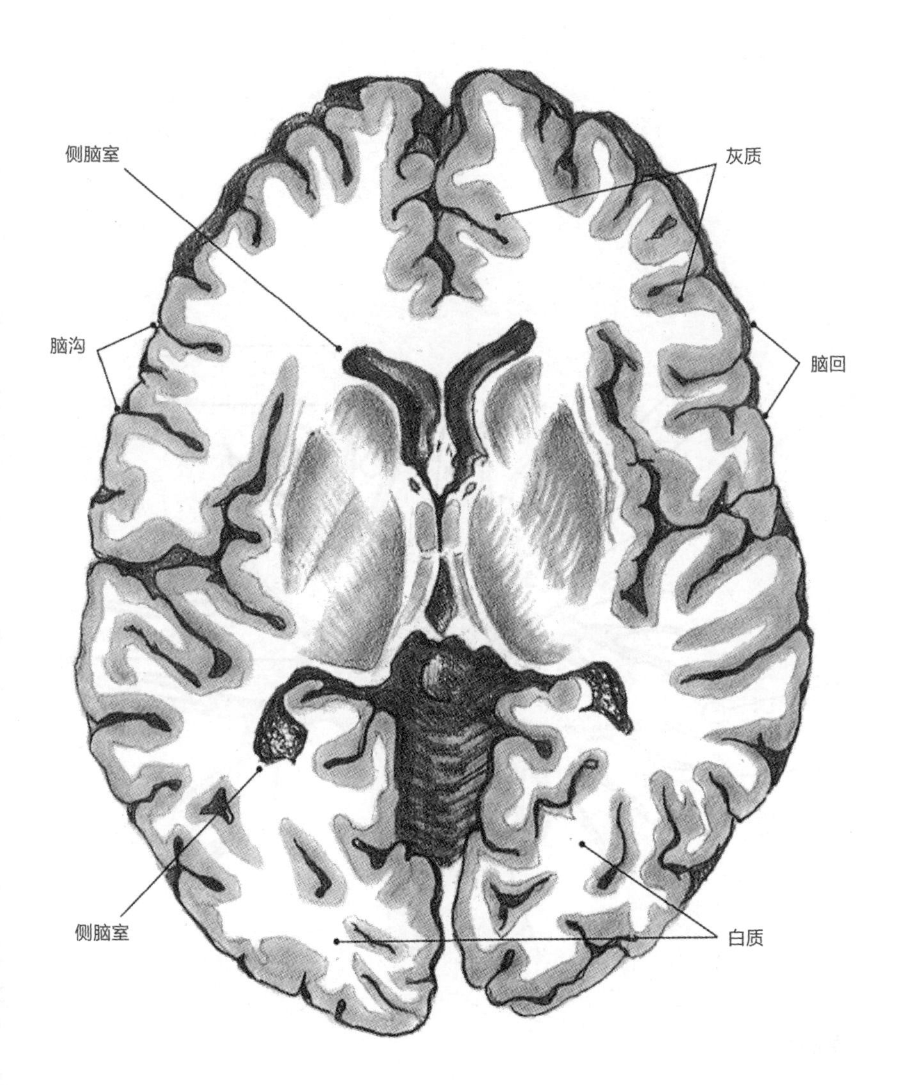

## 电子大脑

神经元具有"神经应激性"的特性，这就意味着它们会对外界刺激（如电流）作出反应。如果细胞体从树突和轴突得到正确的刺激/信息，就会"放电"（表现出应激性）。这意味着它会从轴突向下发出一个小的电信号，之后轴突会与其他神经元的树突或细胞体相连接，或者与肌肉或腺体的细胞相连接。

神经科学家将电极靠近细胞体放置，以此来研究神经元。

记录电极监测细胞每秒放电的次数，刺激电极则负责驱动细胞放电。

有大量神经细胞与神经元的树突或细胞体相连，因此每个神经元都会受到其他神经细胞的刺激。这些连接中有一些是兴奋性的（增加靶细胞发电的可能性），有些则是抑制性的（降低发电的可能性）。兴奋和抑制的相对量对靶细胞产生影响，共同决定靶细胞的发电率。

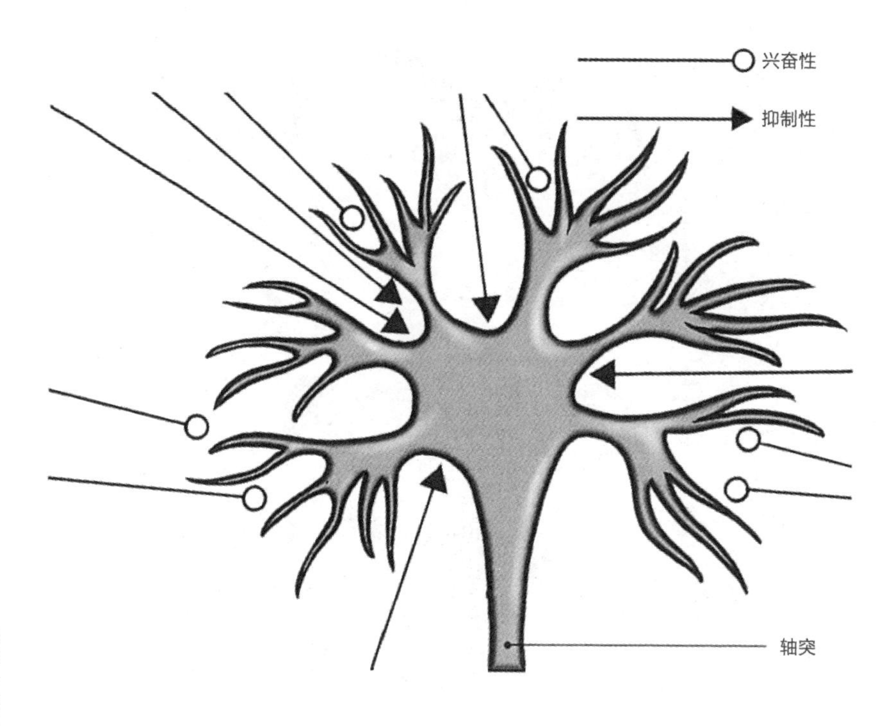


细胞接收兴奋性连接（主要与其树突相连）与抑制性连接（主要与其细胞体相连）示意图

## 异常放电

有时细胞群会出现过度放电的情况。

这种情况下可能会出现肌肉抽搐。

或者表现为与偏头痛相关的视觉障碍等症状。

异常放电可能引发一些癫痫的预兆。

但随着异常放电扩展到更多组织，最终会导致癫痫发作。

## 化学大脑

当轴突分支与靶细胞的树突或细胞体相连时，两者之间会有一个小间隙，查尔斯・斯科特・谢灵顿（Charles Scott Sherrington，1857—1952）爵士称之为突触。从轴突向下发射的电位跨越不过这个间隙。而突触前轴突则会释放特殊形状的化学分子。

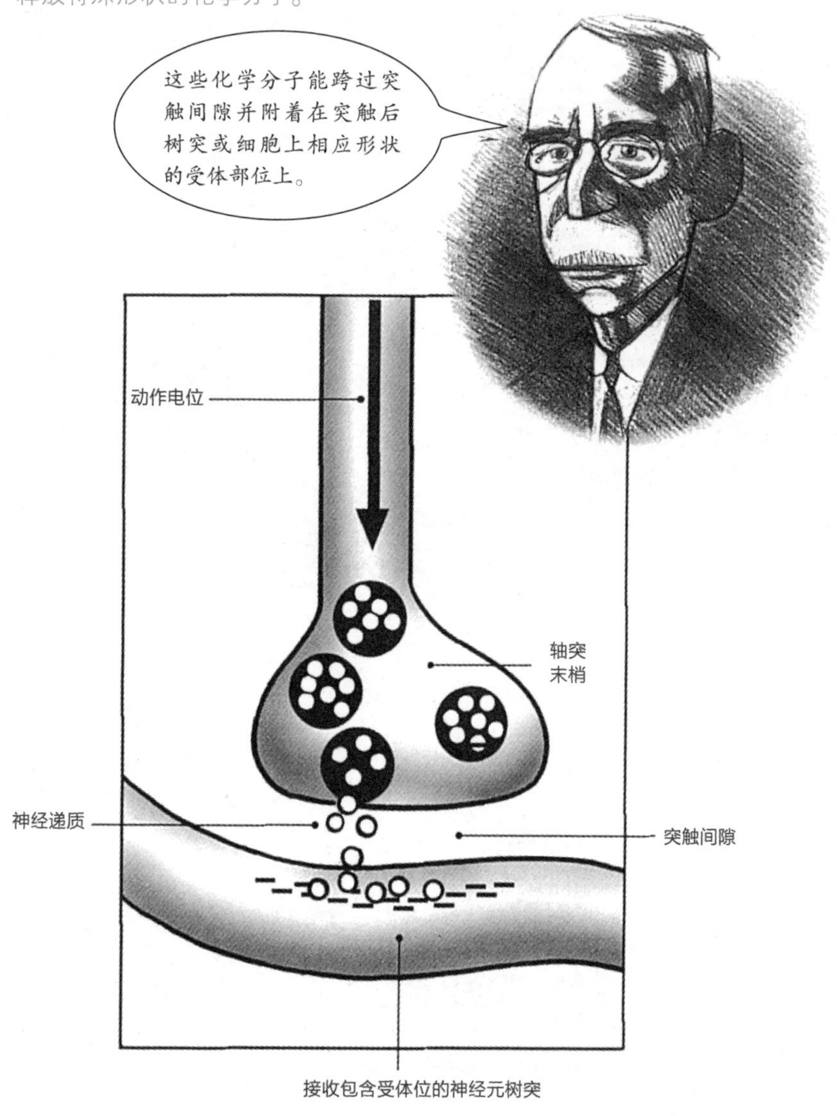
这些化学分子能跨过突触间隙并附着在突触后树突或细胞上相应形状的受体部位上。
动作电位
轴突末梢
神经递质
突触间隙
接收包含受体位的神经元树突

如果临近的细胞是另一个神经元，那么化学分子的到达也会增加（兴奋性）或减少（抑制）该细胞放电的可能性。

## 化学疾病

通过这种方式发挥作用的化学物质被称为神经递质，如血清素、多巴胺等。神经递质过多或过少会引发各种疾病。例如，患了帕金森症的病人很难控制自身行动，因此很难进行自主运动，这与大脑中缺乏多巴胺有关。增加大脑中多巴胺的分泌能够改善病情。

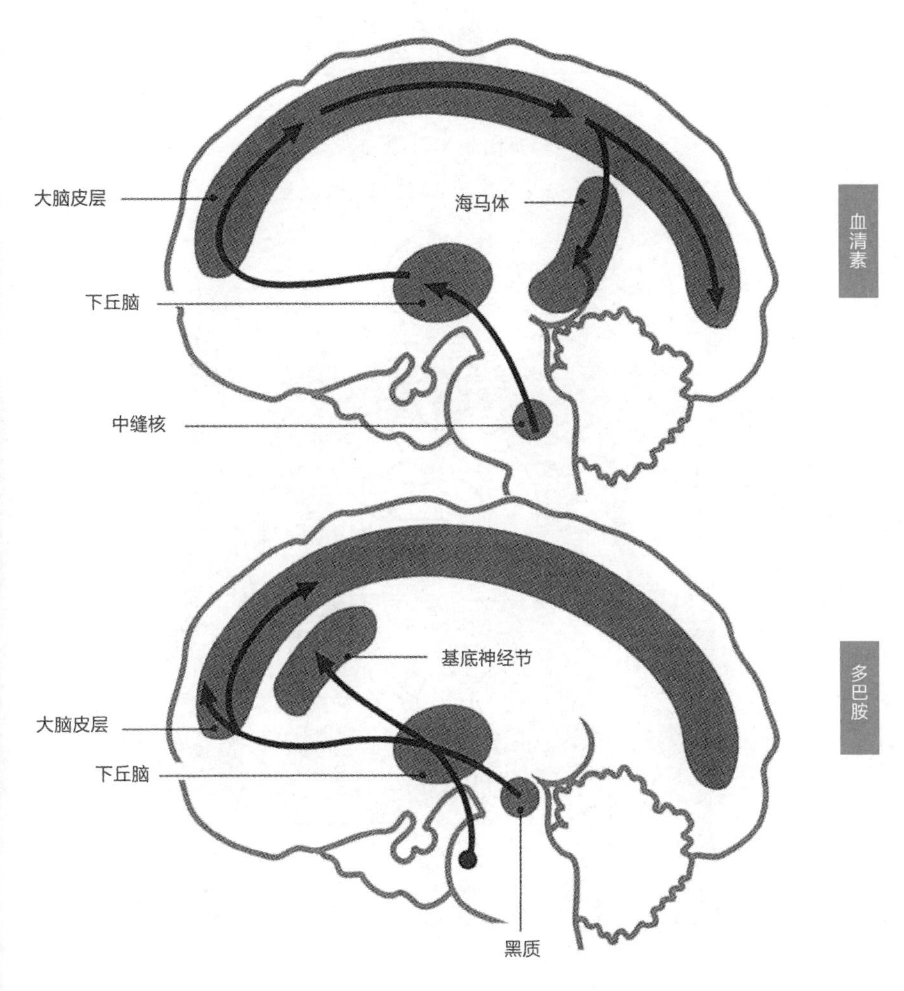


为什么吗啡和LSD（麦角酰二乙基酰胺，一种迷幻药）等药物以及箭毒等毒药能起作用呢？因为它们与大脑的天然神经递质结构相似。这些药物附着在突触后受体部位，能扰乱神经通路的正常运转。

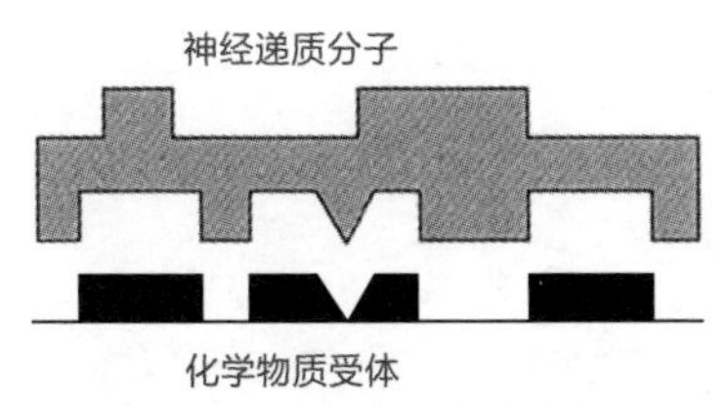

## 大脑、激素与身体

神经递质与激素有许多相似之处。肾上腺素、睾酮等激素通过腺体分泌到血液中，随着血液流到较远处的器官并对其产生影响。

激素能够调节身体机能，如生产能量、新陈代谢等。

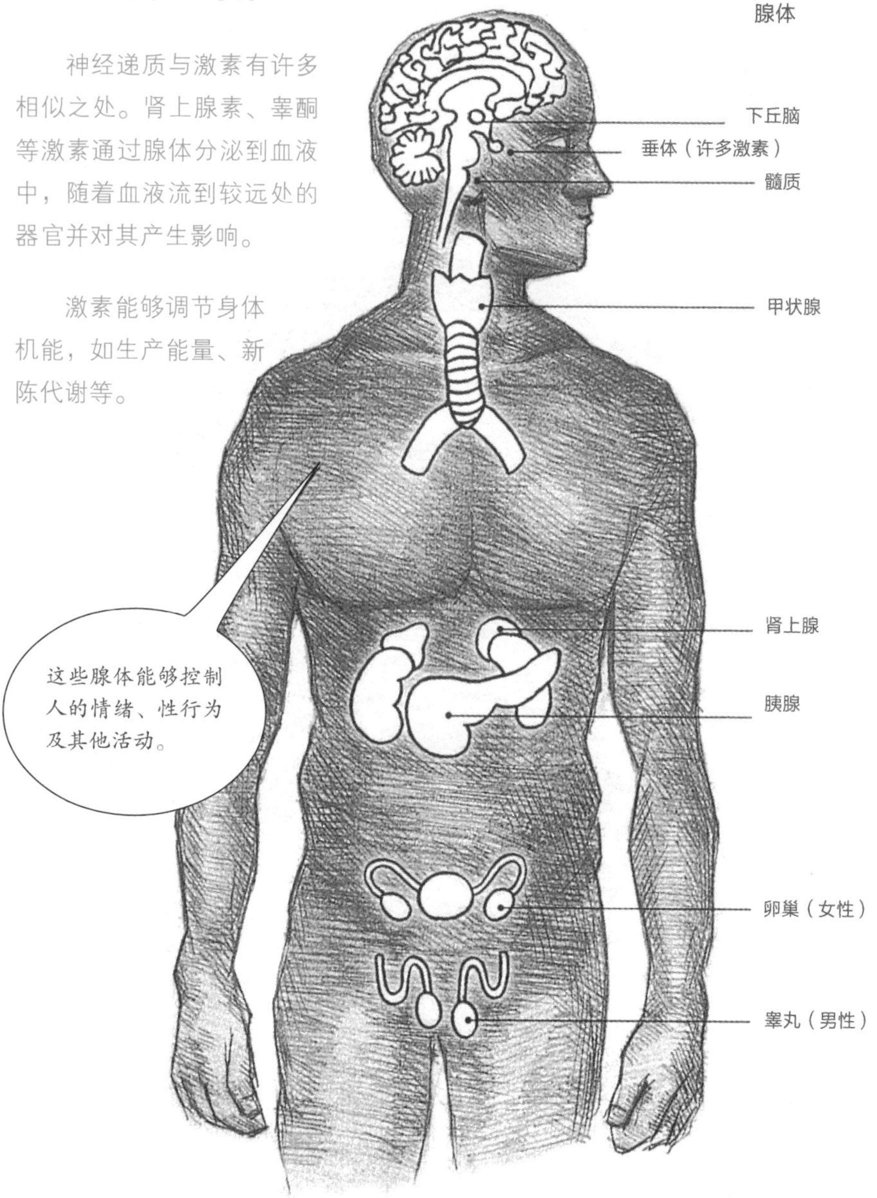

- 大脑活动能够控制腺体将激素释放到血液中。
- 而被血液运送到大脑的激素又会影响大脑本身的活动。
- 本书中，我们重点关注大脑，因此很容易忽略一个事实，那就是大脑是一个身体器官，也是一个更大功能系统的一部分。

## 人脑的布局

大脑是一个极其复杂的结构。用于描述大脑的术语也在不断发展，比大脑本身更加复杂多样。许多不同的群体都在对大脑进行研究，如解剖学家、生理学家、生物化学家、遗传学家、外科医生、神经学家、神经心理学家等，因此多数大脑结构已经有了几种不同的称谓，而这些称谓可能源自希腊语、拉丁语、英语或法语。

在命名由大脑损伤引起的行为障碍方面，也存在着一些问题。许多行为障碍的名称都以“a”开头，意味“没有、无”，例如 a-theism（无神论）。还有一些是以“dys”开头，意为“不良、困难、障碍”，如 dys-lexia（阅读障碍）。许多以“a”开头的名称实际上都应该以“dys”开头，因为完全丧失某种行为功能的情况非常罕见。虽然偶尔也会出现功能完全丧失的情况，但更常见的是不同程度的功能受损。

对此，我们应有心理准备。

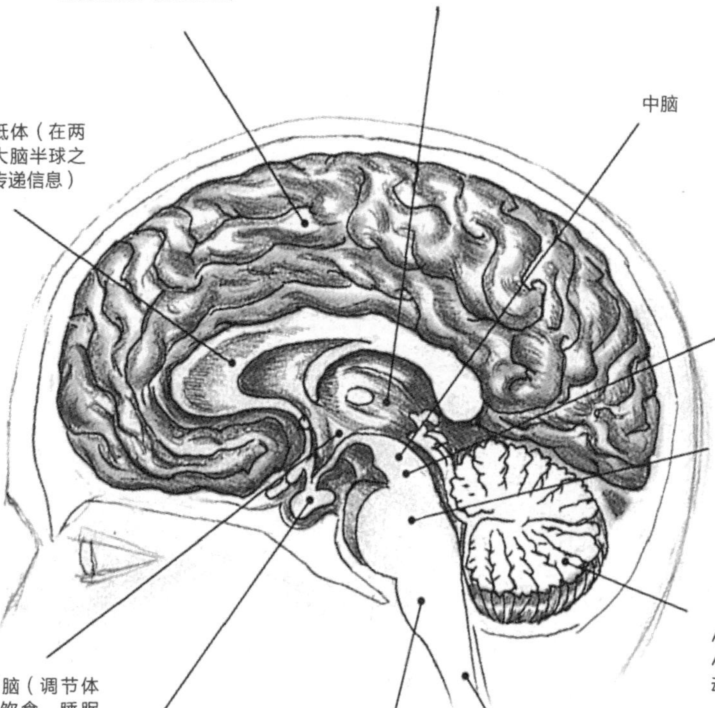

丘脑（将感觉信息
传递给大脑皮层）

大脑皮层（控制思维与
感觉功能、自主运动）

中脑

胼胝体（在两
个大脑半球之
间传递信息）

网状激活系
统（携带关
于睡眠和清
醒的信息）

脑桥（在大脑
皮层与小脑之
间传递信息）

小脑（协调细
小肌肉的运
动、平衡）

下丘脑（调节体
温、饮食、睡眠
与内分泌系统）

垂体（内分泌系
统主腺）

髓质(调节心跳、
呼吸）

脊髓（在大脑和身体之
间传递神经冲动，控制
简单反射）

## 进化与发育

神经系统不断进化是因为这增加了动物生存的机会。神经系统让动物能够主动行动而不是被动等待：去主动寻找食物、躲避危险而不是单纯地希望食物出现、没有危险。

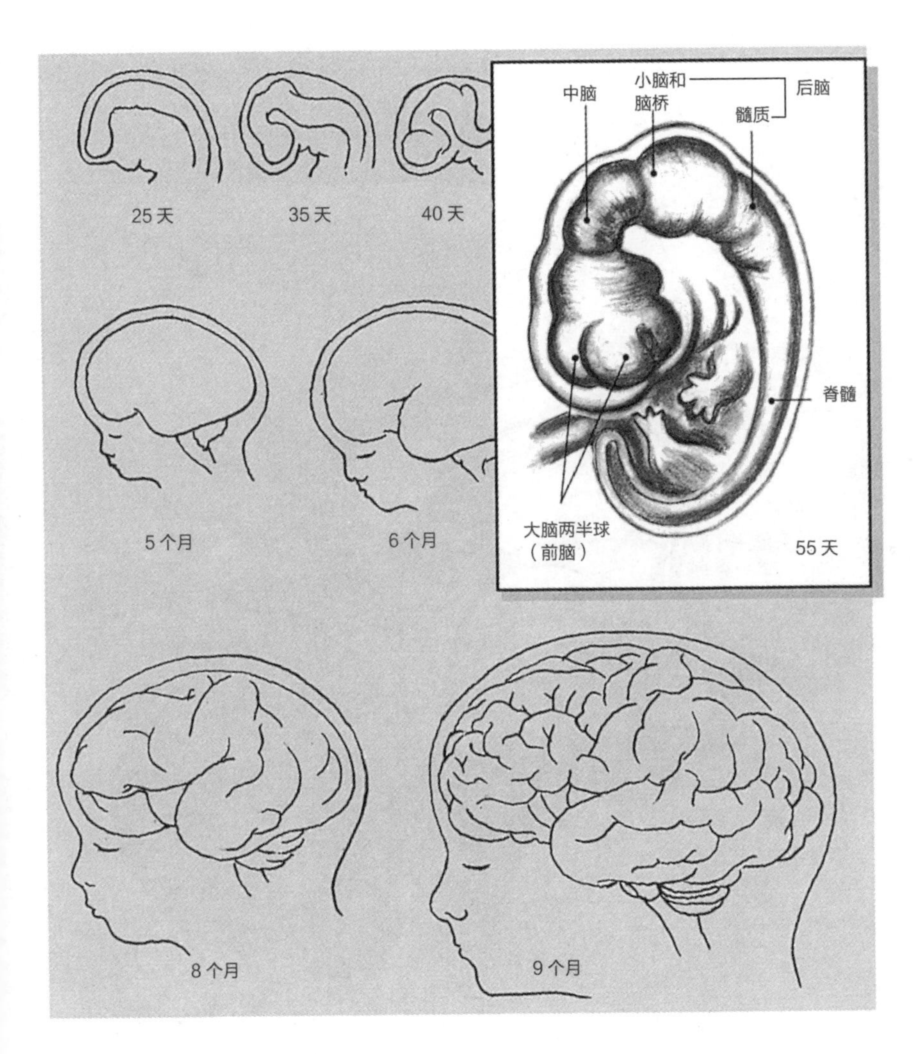


人类胚胎的大脑从一个简单的管状组织开始发育，逐渐发育为三个增大的组织，而这三个组织又分别发育为前脑、中脑和后脑。前脑皮层之后分化为两个大脑半球，大脑半球继续向外生长，覆盖低位大脑的大部分区域。

## 后 脑

“较低”部位的大脑，又称后脑，它主要负责支持重要的身体功能。

后脑主要包括四个重要部分：第一部分是髓质。髓质是脊柱的延伸，与呼吸、心跳和消化控制有关。再往上是脑桥，负责接收视觉区域发出的信息，控制眼睛与身体的运动。脑桥把信息传递给后脑的第三个主要结构，即核桃状小脑，该部位负责控制运动序列的协调。后脑的第四部分是网状结构，该部分对控制性冲动以及睡眠清醒周期非常重要。

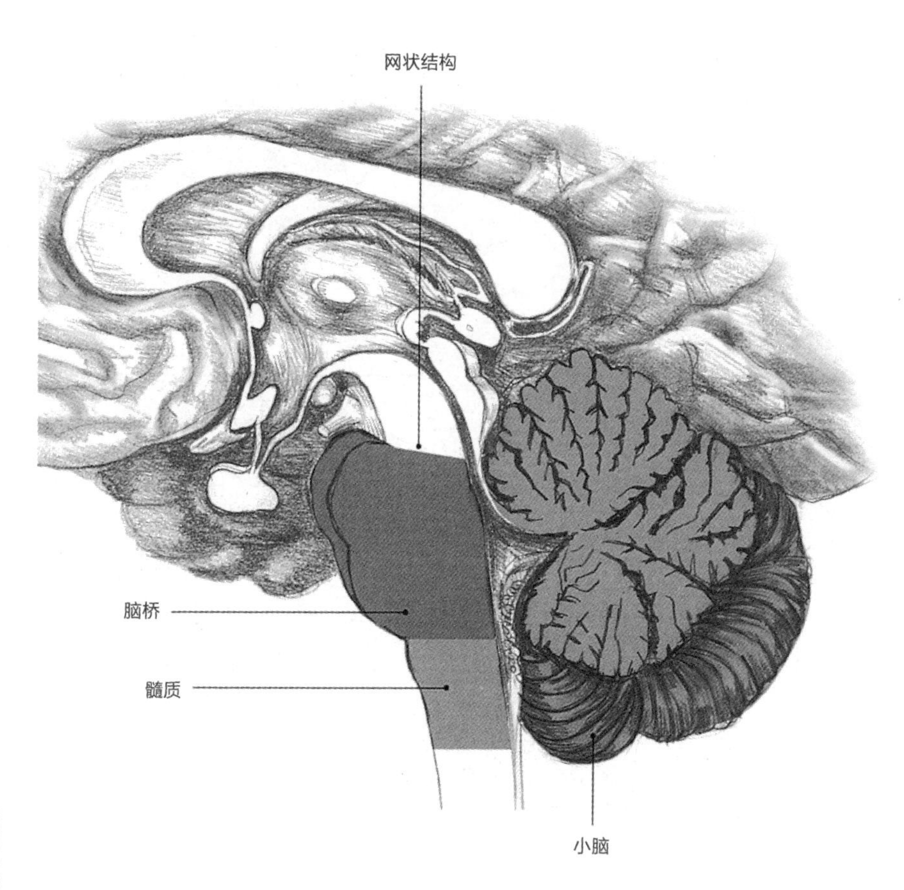

# 中 脑

中脑位于后脑上方，主要包括大脑脚底、被盖和顶盖三部分。前两部分与运动有关。如果大脑脚底与其他部位缺乏多巴胺就会导致帕金森症。顶盖包含视觉、听觉核（细胞群），对于鸟类以及其他低等动物而言，这些是它们的视觉、听觉大脑。哺乳动物已经进化出大片专门负责视觉、听觉的前脑区，但这些哺乳动物的顶盖依然控制整个身体运动，以对光和声音作出反应。

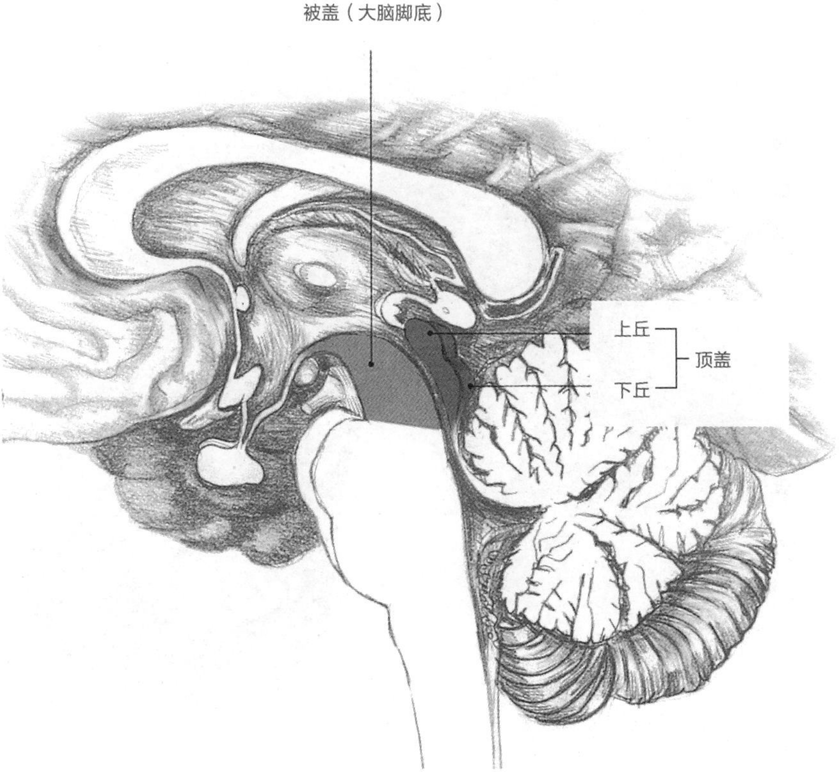

## 前　脑

人类的前脑包含许多重要的结构。丘脑是一个通信中心，负责接收从眼睛、耳朵、皮肤以及其他感觉器官输入的信息。此外，丘脑还负责调节大脑皮层的整体活动。下丘脑小而复杂，负责控制四个“F”（feeding, fighting, fleeing, fornication），即进食、战斗、逃跑以及性行为，同时还负责温度调节、睡眠以及情感表达。

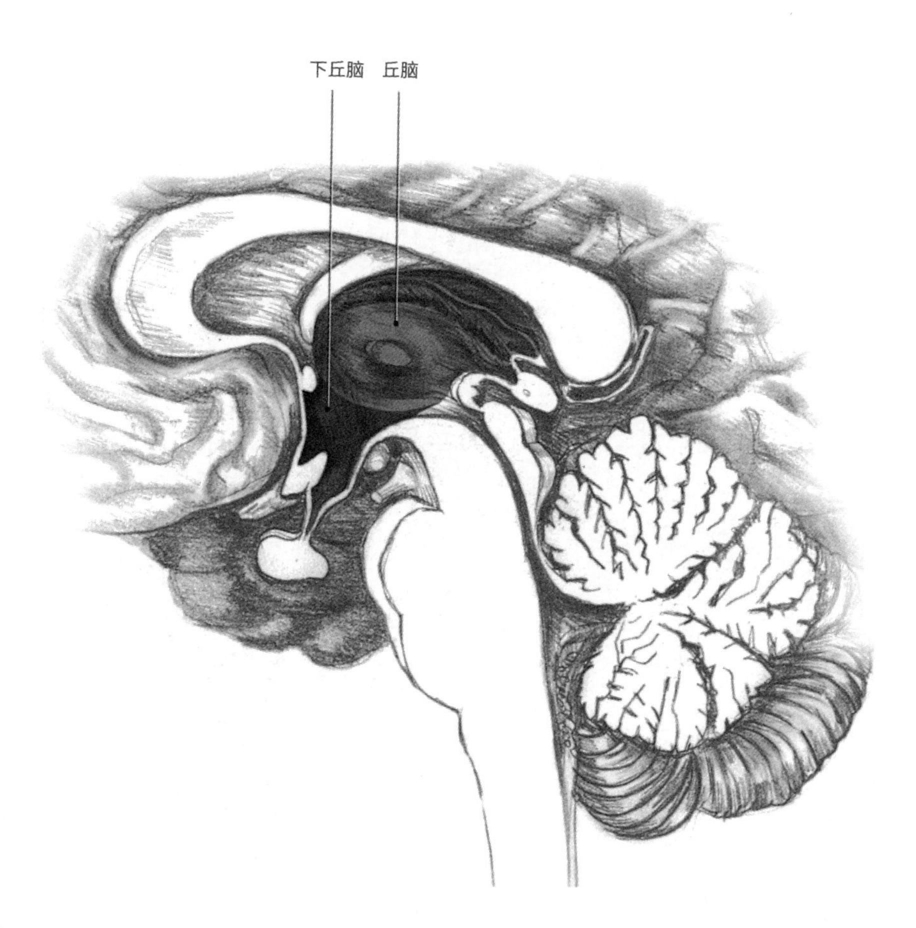

大脑边缘系统是“嗅觉大脑”，并与情绪过程密切相关。在了解环境的空间布局方面，边缘系统中的海马体发挥着重要作用。

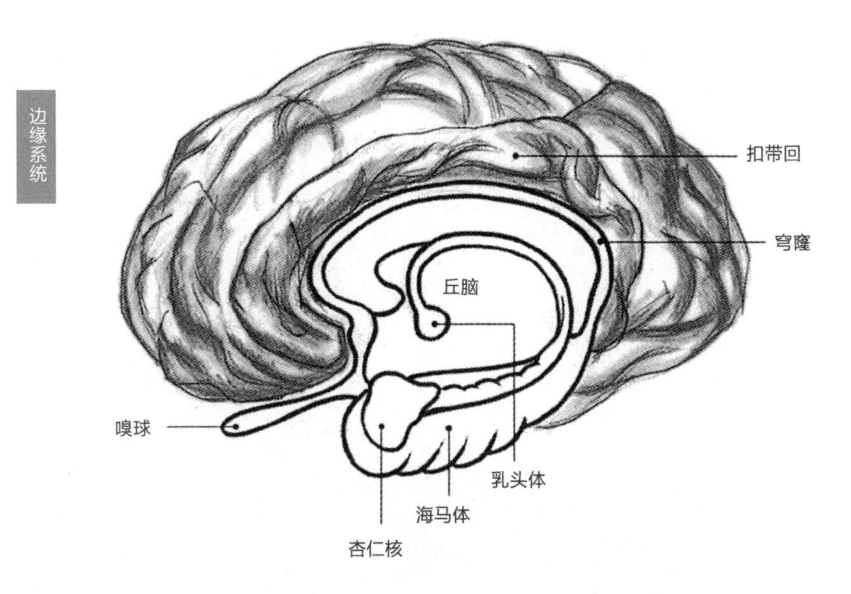


基底神经节由许多细胞核（灰质）组成，在运动中发挥着重要作用。帕金森症患者的基底神经节中也显示短缺多巴胺。基底神经节的特殊区域接收来自边缘系统或不同皮质区域的信息。情绪和记忆很可能是在这里与当前的环境和思想抗衡，从而控制个体行为。

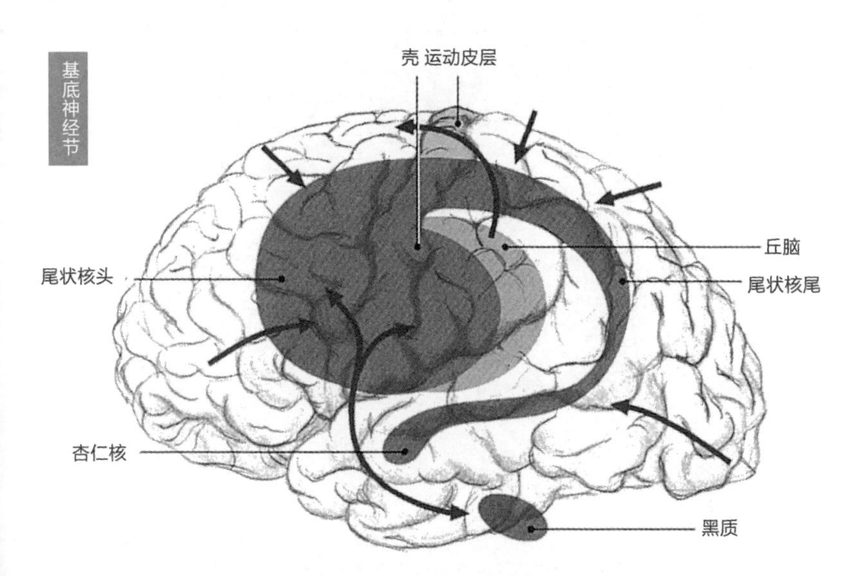

## 大脑左半球和右半球（LH 和 RH）

大脑包括左右两个半球，这是人类和其他灵长类动物大脑最大、最明显的特征。大脑左右半球的表面灰质是皮层，有时也被称为新皮层，以区别于低级、远古动物大脑结构中的皮层。每个脑半球主要从身体的另一侧接收信息，同时也在很大程度上控制身体的另一侧。两个半球可以通力合作产生协调一致的行为，因为它们可以通过大量被称为胼胝体的纤维来共享信息。大脑左右半球位于皮层下结构之上，两者通过皮层下结构间接联系。

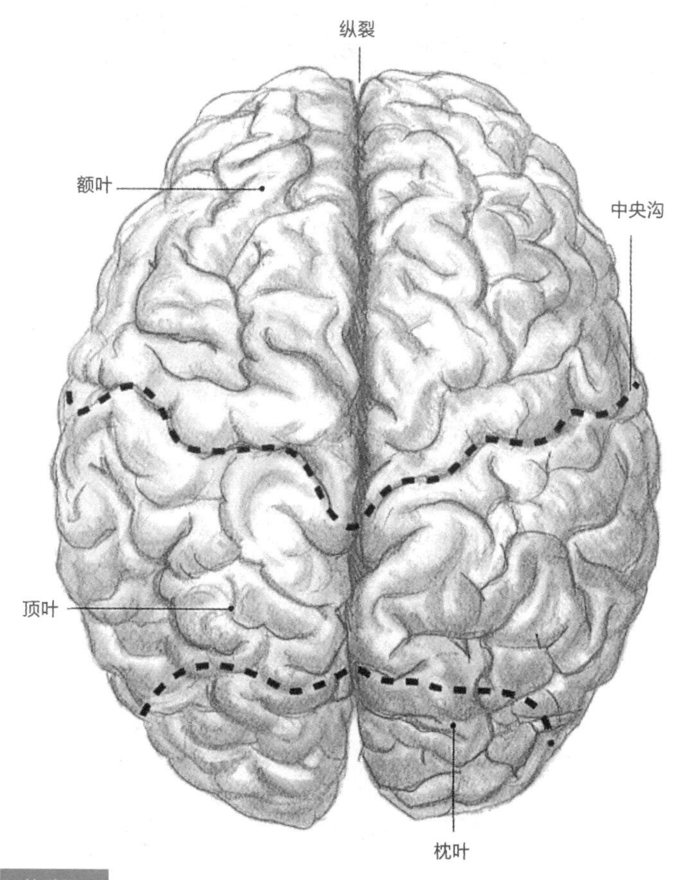


俯瞰图

每个大脑半球分为四个脑叶，由称为裂隙的深裂分开。各个脑叶又根据多个标准被分为不同的区域。将这些区域染色后放在显微镜下观察，会发现可以通过各个区域与其他区域连接的不同方式来区分不同的区域。各个区域的功能是通过激活区域内细胞的刺激类型以及区域受损时出现的行为障碍来确定的。

大脑区域识别依然是一个热门研究课题。要识别不同物种大脑中的对应区域则尤为困难。

侧视图

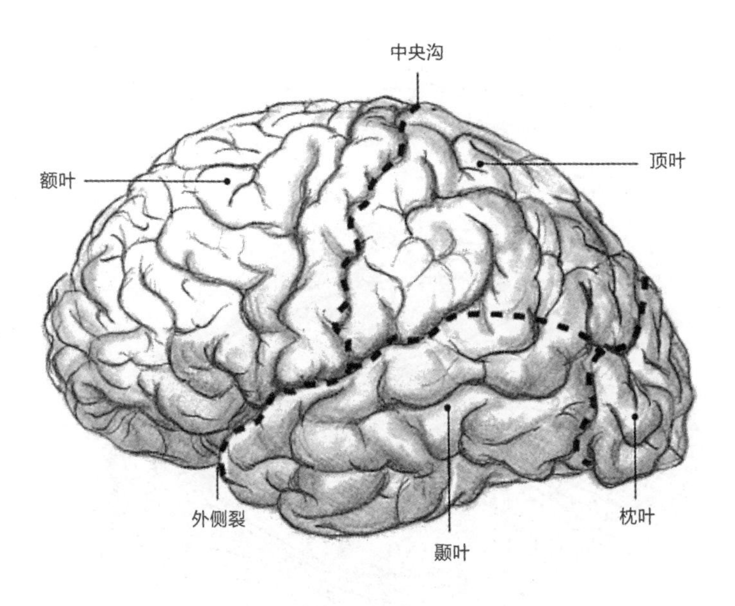


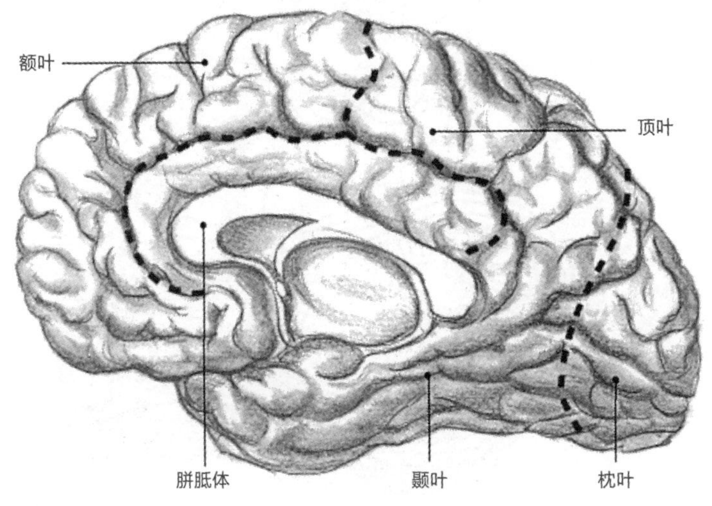

## 心理能力

最高级的心理能力源自大脑皮层。

大脑皮层中包含信息中心，能够对带有思想与记忆的感觉信息进行整合，从而让我们知道世界上正在发生的与我们相关的事。

灵长类动物（尤其是人类）的大脑半球特别大。

然而，我们应该牢记非常重要的一点，那就是大脑皮层是更大系统中的一部分。连通性是大脑的一个重要特征。大脑中较高部位与较低部位的信息中心通过上升、下降的纤维束紧密相连。这些纤维束能让后脑、中脑和前脑各结构之间保持联系。这样就实现了思想与身体的统一。

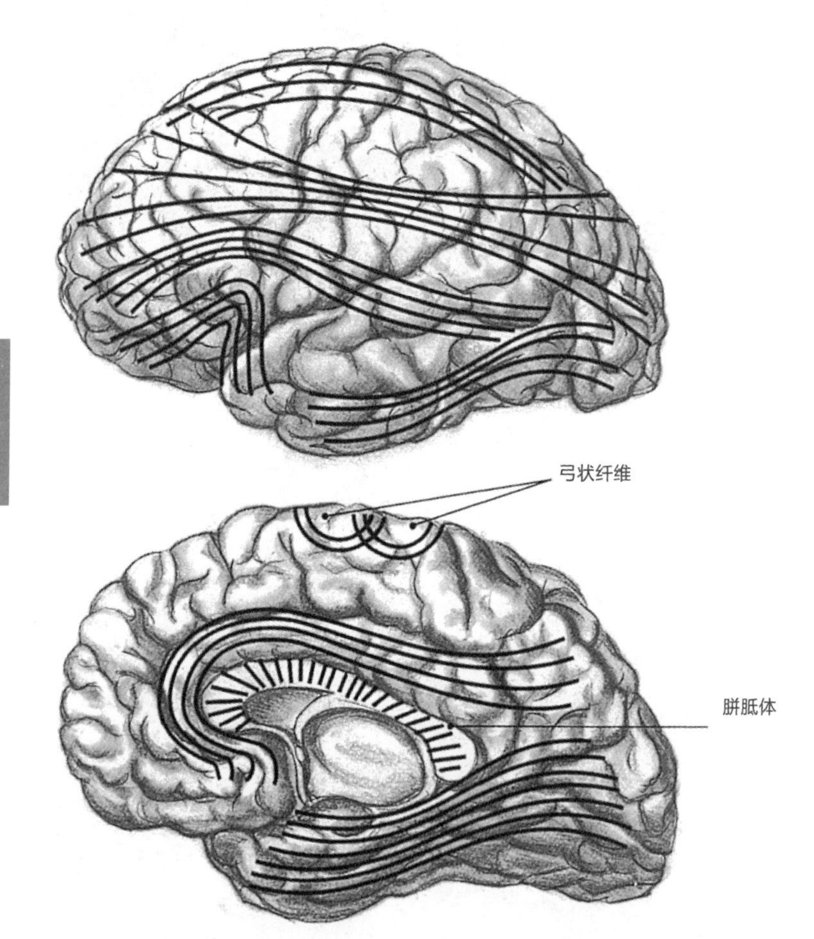

## 简单思维 1：海蛞蝓

有些行为看起来比实际情况更加复杂，也更加明智。

如果你在一个声音很大的钟表旁边读书，嘀嗒声可能会分散你的注意力，让你很难全神贯注地看书。

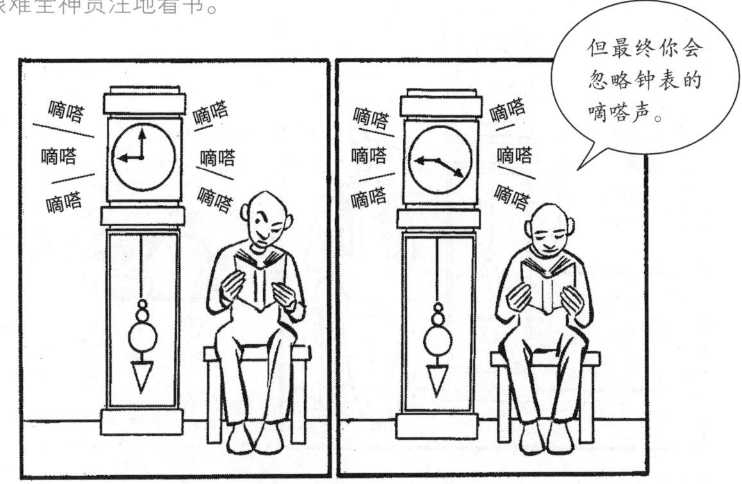


这种忽视刺激的学习过程被称为“习惯化”。海兔是一种能够表现出习惯化的简单海蛞蝓。当用玻璃棒触碰海兔的头时，它会缩起鳃来进行防卫。但是，如果经常重复该动作，那么海兔缩起鳃这一反应就形成了习惯。

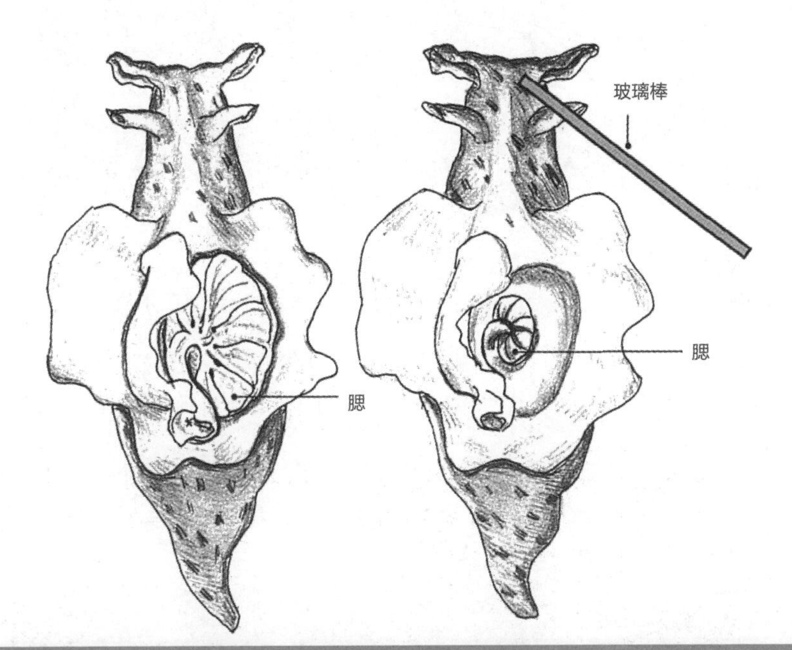

想象一下，你再次回到那间屋子，已经忽略了吵人的钟表嘀嗒声。但假如现在有人告诉你附近有一枚定时炸弹。

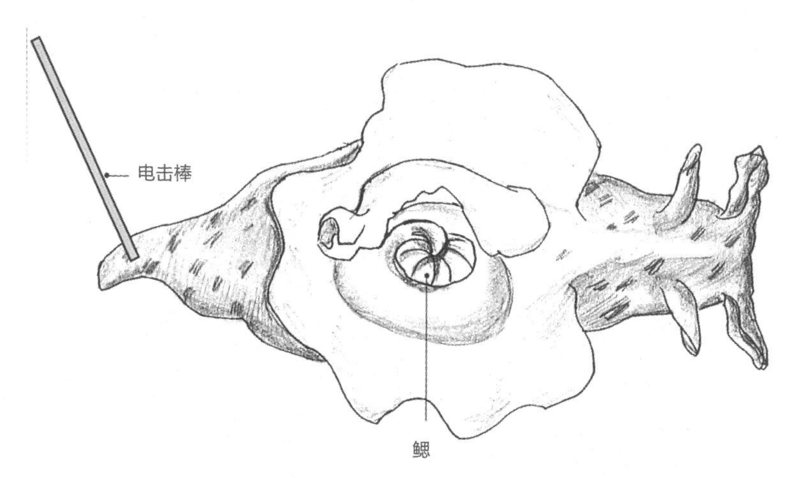


如果海兔已经形成了缩起鳃的习惯，这次用电击棒轻触海兔的尾巴，那么海兔的鳃会以最大的力度卷缩起来。由此可见，海兔对不同的刺激也会敏化。

在上述例子中，习惯化和敏化能激发许多行为，这些行为在心理学中被称为学习、注意力以及记忆等。然而，在仅有 5 000 个神经元的海兔身上，我们也发现了类似的行为。

## 简单思维 2：青蛙与蟾蜍

在青蛙的眼睛里，有一些细胞只会对小而不规则移动的黑点作出反应并放电。因此，青蛙只会捕食飞动的苍蝇，即便周围有许多死苍蝇，青蛙依然会被饿死，这并非巧合。

只有与飞动的苍蝇十分相似的刺激才会触发我的狩猎行为。
在我看来，所有细长的、纵向移动的东西都是虫子，这与它们的颜色、纹理或硬度无关。

纵向移动的火柴会激发蟾蜍的捕食行为，而竖着移动的火柴却并不能引起蟾蜍的兴趣。

## 简单思维 3：鸟

成年海鸥嘴里叼着虫子时，幼鸟会张大嘴巴，兴奋地吱吱叫。这似乎是饥饿的幼鸟看到食物时明智的行为，但事实上，海鸥幼鸟并没有那么聪明。

我们只是对成年海鸥黄色鸟嘴上的红点有反应。

把成年海鸥嘴上的红点涂成黄色，幼鸟就会忽略成年海鸥嘴里的食物。看到有红点却没有食物的空鸟嘴，幼鸟也会张开嘴吱吱叫。实际上，在明黄色的铅笔上点一个鲜红的点也能强烈激发幼鸟张开嘴吱吱叫，这时带红点的黄铅笔就起到了强刺激物的作用。

大鸟并不比幼鸟聪明。觅食后返回巢穴时，大鸟会向鸟巢里嘴最大、最红的幼鸟方向投食。小布谷鸟在其他鸟的鸟巢里能够存活下来，是因为它们比寄主幼鸟的嘴更大，喉咙的颜色更红。

布谷鸟幼鸟的喉咙能够强烈刺激大鸟投喂食物的行为。

## 简单思维 4：人类

点光源表演告诉我们，小部分可获取的信息就可能决定人类的感觉与行为。把演员的脸涂黑，让他们穿上黑色衣服，在衣服上身体及四肢的关节处安装发光二极管，使用高对比模式来录像。回放录像时，观看者只能看见视频里的灯光却看不到人。

演员静止时，观众只能看到随机排列的灯光。而演员一旦动起来，观众就能感受到人类特有的运动模式，如走路、跑步、跳舞等。

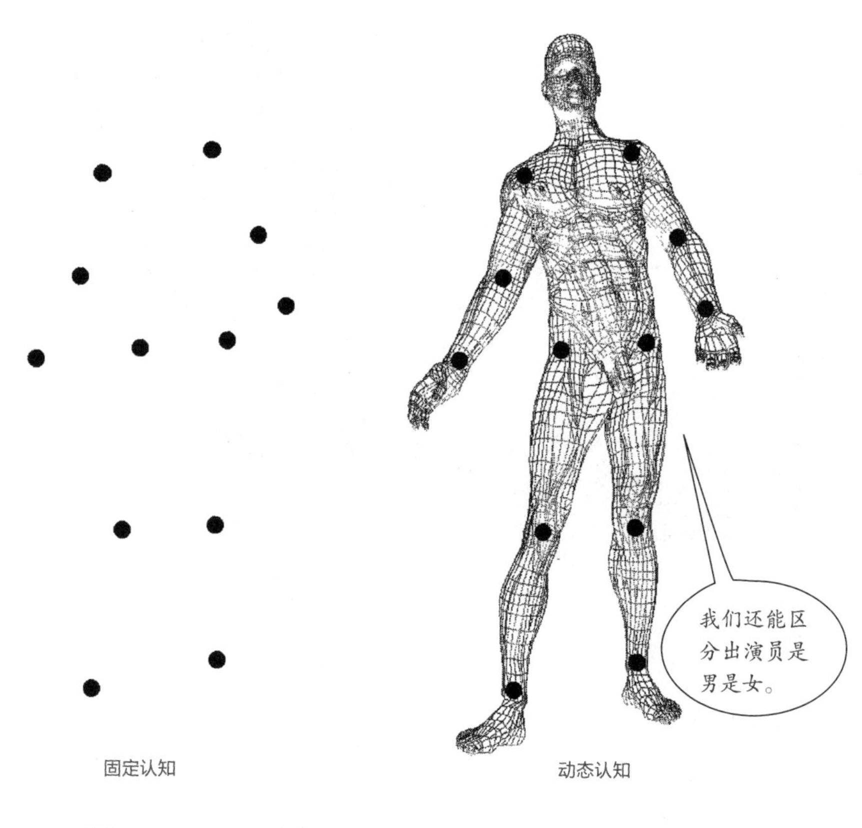


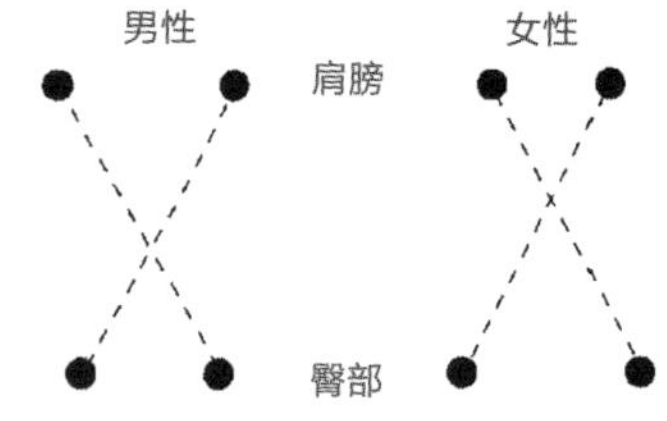


有选择性地移除一些灯光，我们就会发现，观众是通过演员肩膀与臀部摆动的比例来确定演员性别的。男性肩膀宽，因此肩臀摆动比例更大。

这些结果表明，即便不考虑面部特征、发型、衣着等，我们的视觉系统也可以根据极少的身体形状信息来识别同类及其性别。男人想要显示男性特质时会摆动肩膀，而女性想要展示女性特质时会摆动臀部。这些动作虽然是无意识的，却可以成为性别识别的强烈刺激。

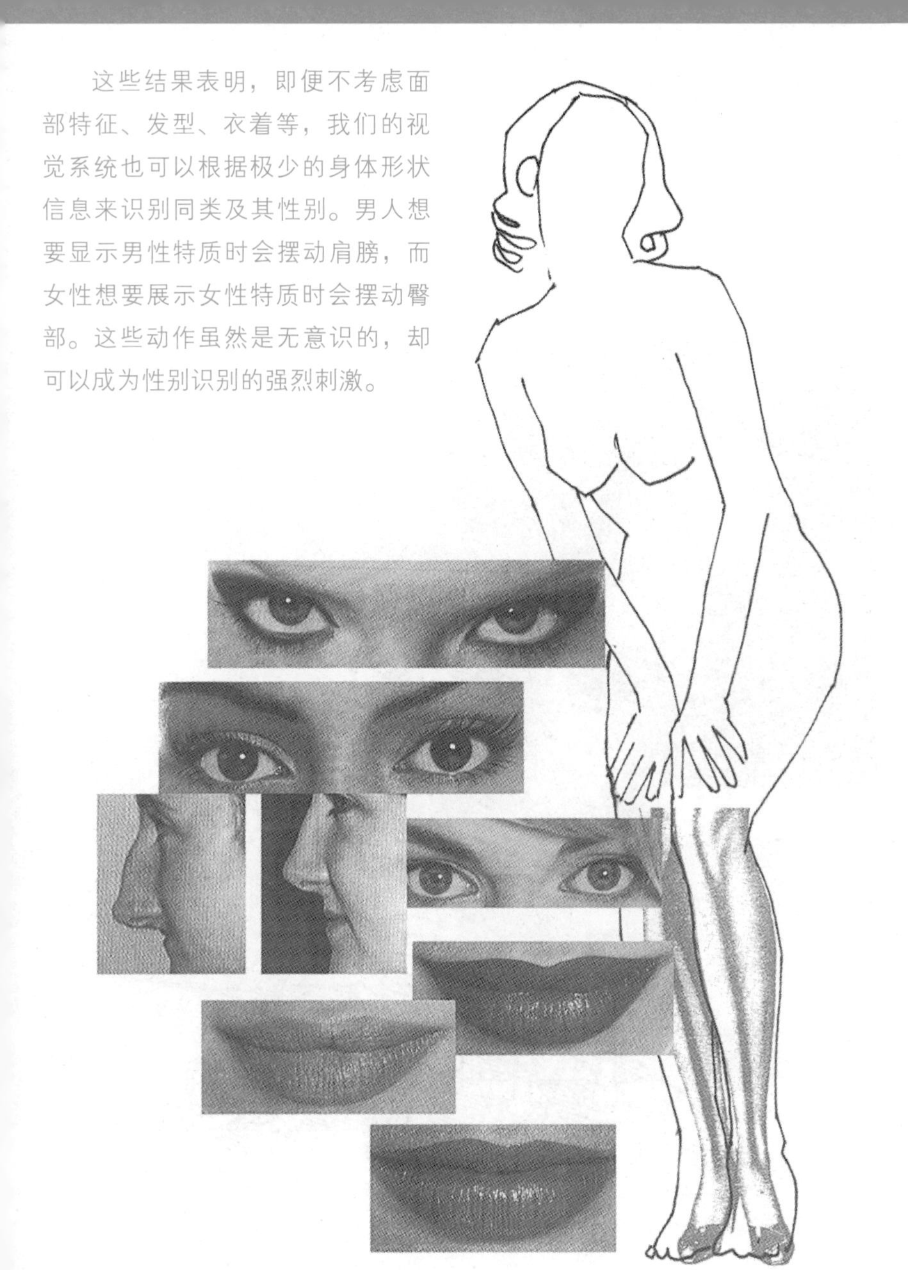

为了达到性感的效果，对眼睛、嘴巴、颧骨等面部特征进行夸张的美容由来已久，美容行业因此而利润丰厚。带衬垫以使胸部显得挺拔的胸罩，隆胸手术，束身衣以及大胆剪裁以凸显臀部、加长腿部视觉效果的泳衣，所有这些无疑都反映了文化的偏好。但这些 “魅力” 都是对自然特性的夸张，由此可以证明人类对强烈刺激非常敏感。

## 复杂思维与计算机

有些行为看似智能，其运行机制却相当简单，同样，有些功能看似非常简单，实际却非常复杂。

在计算机发明初期，人们认为通过编程使计算机识别人脸与词汇很简单。

我们还认为机器智能永远达不到下棋或证明数学定理的智力需求。
加里·卡斯帕罗夫（Gary Kasparov）

1946 年 EDSAC 计算机

事实却恰恰相反。虽然计算机现在击败了最好的人类棋手，并设计出了新的数学证明方法，但当涉及行走与识别时，计算机却几乎赶不上我们能说出的所有物种的幼崽。之前的想法已经得到了矫正。人们发现，与进化所能解决的问题相比，那些用人工智能所解决的问题虽然让人们引以为豪，其本身却非常简单。

## 语言与大脑

要理解大脑与思维之间的关系，就必须面对一个问题，即精神功能是否（或者在何种程度上）由特定的大脑区域负责。语言在这场争论中扮演了重要的角色，能够更清楚地展示大脑功能定位方法的作用与局限，没有哪种思维特质能够与之相比。

到 19 世纪末，布罗卡和韦尼克认为，在语言（对右撇子而言）方面，大脑左半球（LH）发挥着特殊的作用。

## 语言障碍：失语症

失语症是指患者在说话或理解别人话语方面出现障碍。以下图片展示了三个失语症患者尝试描述一幅画的情况。每个患者所患的失语症各不相同。第一类是布罗卡失语症。

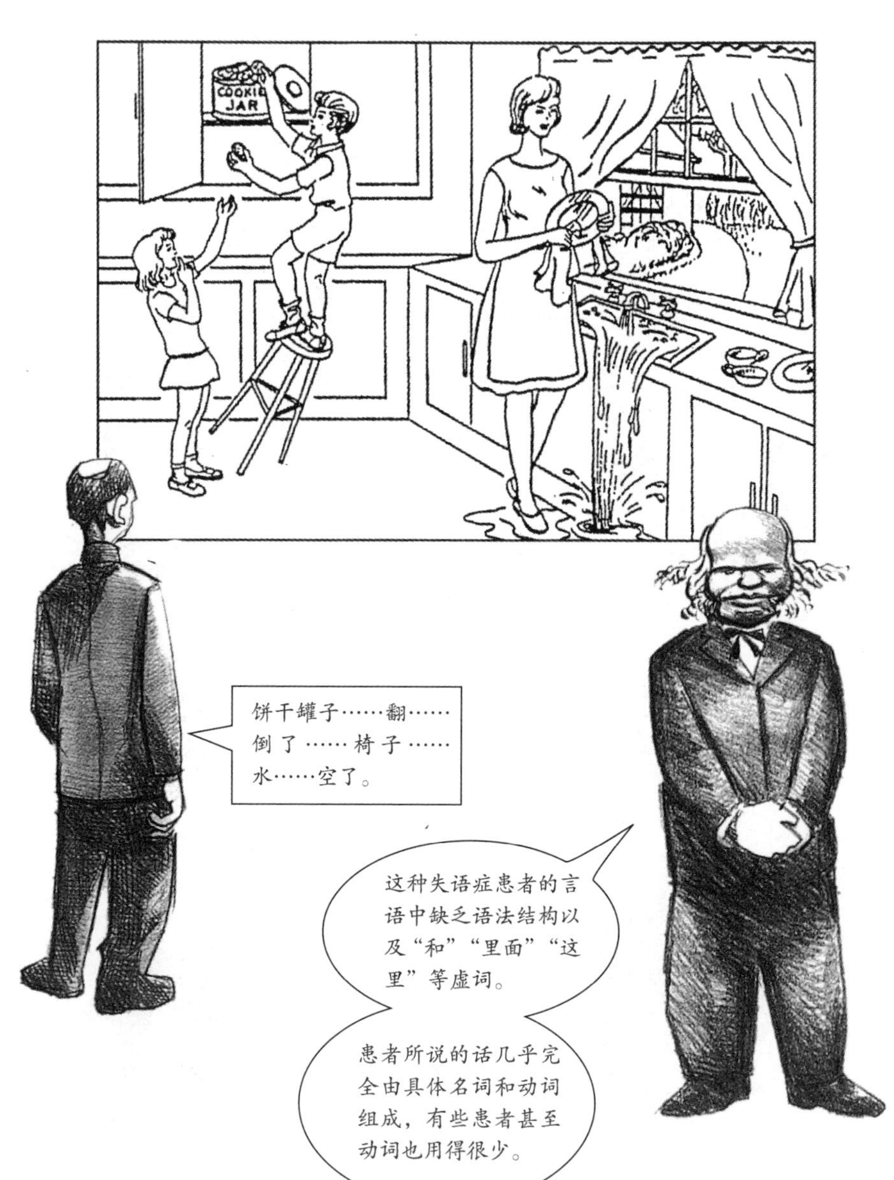

与经典的布罗卡理论相反，如果损伤没有超出新皮层中“布罗卡”的范围，到达包括协调言语的皮层下结构，那么损伤往往相对较轻。

要说话需要非常详细的动作序列，而这些动作又必须受语法和音韵的约束［这就是在英语中“weight（重量）”是单词而“thgiew”却不是单词的原因］。

布罗卡失语症患者在使用动词时比使用名词时更容易出问题，这并非巧合。因为命名动作的方法——动词——与控制动作的方法储存在相同的皮层区域。此处让我们对思维的重要组成部分——运动本身——有了更清楚的了解。

第二类是韦尼克失语症。

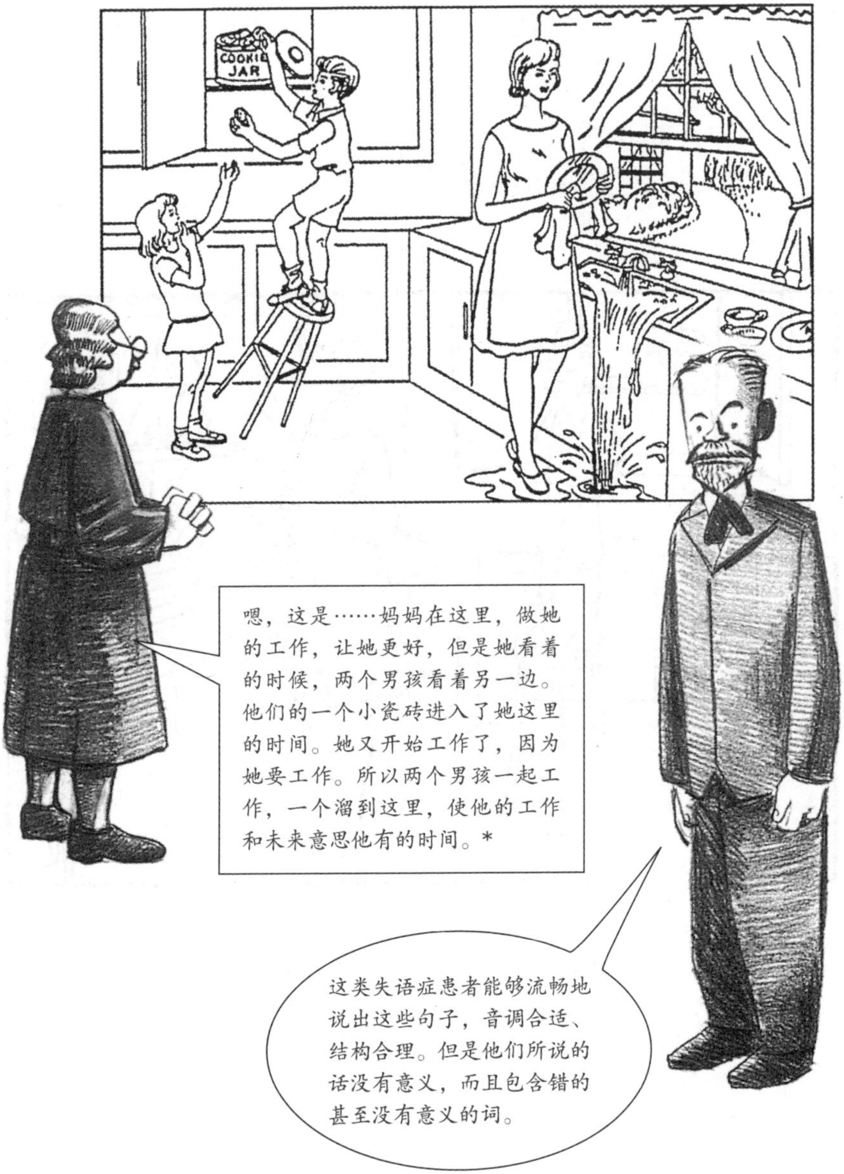

嗯，这是……妈妈在这里，做她的工作，让她更好，但是她看着的时候，两个男孩看着另一边。他们的一个小瓷砖进入了她这里的时间。她又开始工作了，因为她要工作。所以两个男孩一起工作，一个溜到这里，使他的工作和未来意思他有的时间。*

这类失语症患者能够流畅地说出这些句子，音调合适、结构合理。但是他们所说的话没有意义，而且包含错的甚至没有意义的词。

* 此为失语症人员说的话。——编者注

韦尼克失语症患者失去了理解能力，既不理解自己说的话，也不理解自己听到的话。但是他们能够保持正常的句子结构和语调，肢体语言和对话中的话轮转换等其他语言习惯也一如往常。

COOKIE JAR
LL
E
T
H
有意思的是，手语使用者的韦尼克区受损时，他们的手语表达及理解能力同样也会受损。
我断定这类失语症患者的受损区域主要集中在颞叶区上。


然而，与布罗卡失语症一样，如果损伤没有扩展到周围区域，那么患者的病情往往不太严重。此外，偶尔还会出现一些个案，看起来像是患了布罗卡或韦尼克失语症，结果却证明他们大脑的受损区域完全“不对”。可以说，这两种最著名的失语症在定位上还有待完善。

第三类是命名性失语症。

COOKIE JAR
这是一个男孩，还有那是一个男孩，还有那是一个东西！还有这要动了。这个……这个地方在……
在卫生间？
不……厨房。还有这是一个女孩……还有这是一件他们在做的事，还有他们让水在这流下来了。

命名性失语症患者也能说出合乎语法的句子，可是在使用合适的词语方面会有困难，因此在说话的时候会犹豫不决，经常使用“东西”“事”等不定名词。

如果在不使用某物或没有任何谈话背景的情况下，让命名性失语症患者说出某个物体的名字，患者遇到的问题最严重。给患者看一支笔，他可能说不出眼前的东西叫什么。

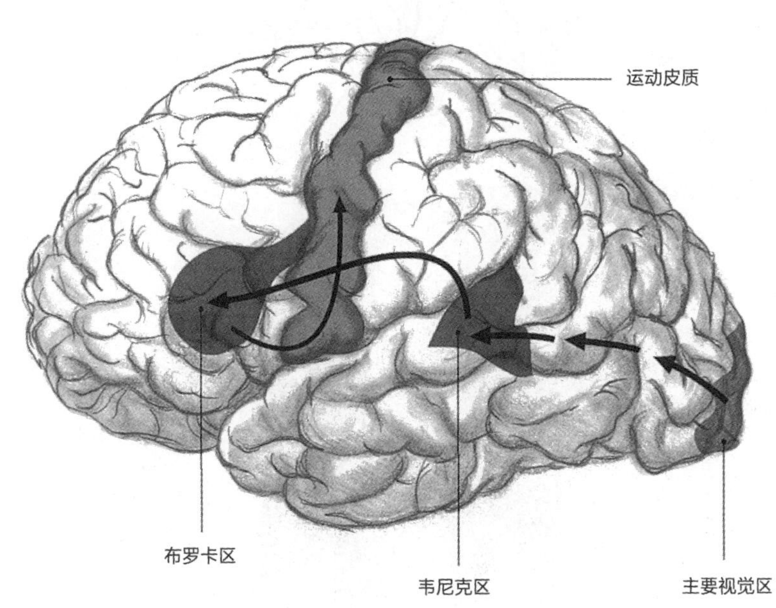

我们发现忘记动词通常是由于负责控制动作的额叶区受损。相应的，忘记名词通常是由于在物体识别中起主要作用的颞叶受损。负责命名事物的区域似乎紧挨着识别事物的区域，而功能区域的布局排列则更富逻辑性。

一些命名性失语症患者会忘记诸如水果、动物或颜色等特定种类事物的名字。

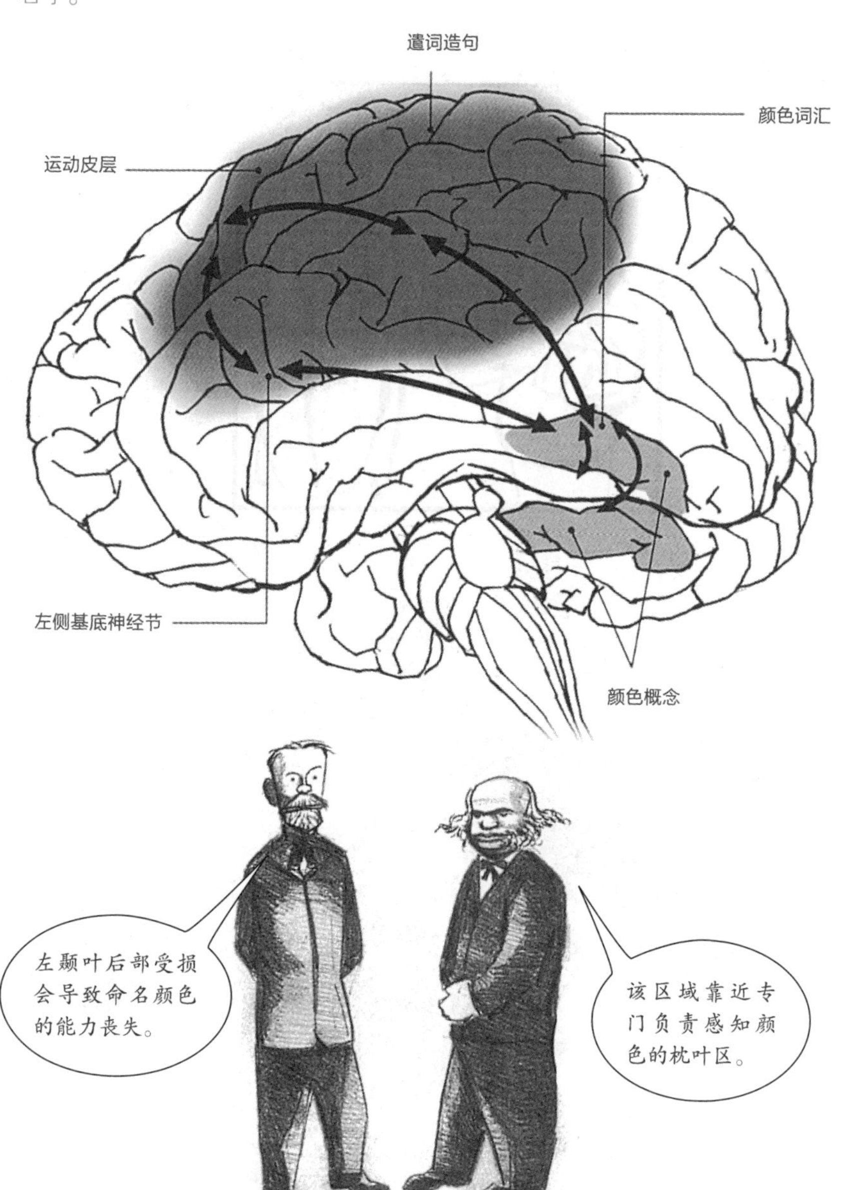
遣词造句
颜色词汇
运动皮层
左侧基底神经节
颜色概念
左颞叶后部受损会导致命名颜色的能力丧失。
该区域靠近专门负责感知颜色的枕叶区。

## 语言使用模型

韦尼克提出了一个语言使用模型，用来解释失语症和其他语言障碍。当我们想表达一个想法时，我们会把用于表达这个想法的词语汇集起来放到韦尼克区，并通过被称为弓状束的纤维把词语传送到布罗卡区。在布罗卡区调动起话语动作的正确序列并将其传送给附近的运动皮质来完成该动作。韦尼克模型的实现顺序是：先把想法转换成词语，然后把词语转换成声音，之后再把声音转换成肌肉命令。

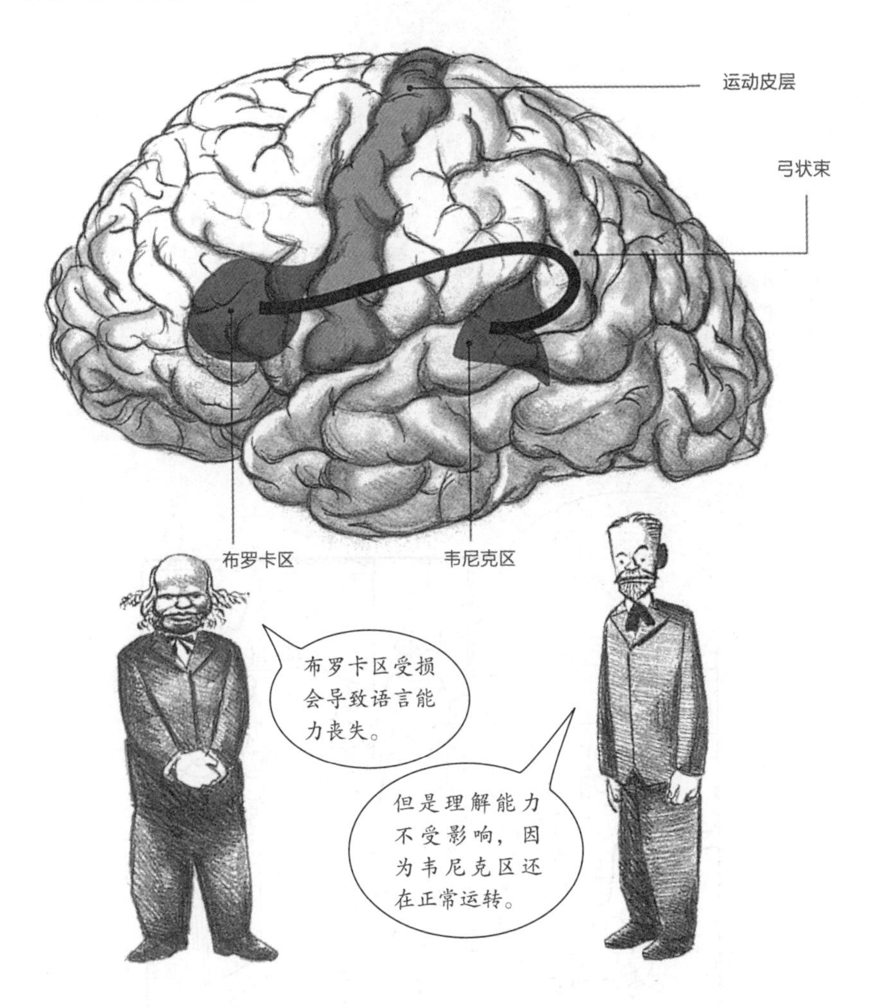

运动皮层
弓状束
布罗卡区
韦尼克区
布罗卡区受损会导致语言能力丧失。
但是理解能力不受影响，因为韦尼克区还在正常运转。


韦尼克失语症患者不能进行思想与语言的转化，但是病人还能说话，因为布罗卡区还在正常运转，只是病人所说的话大部分都没有意义。

韦尼克模型非常重要，因为这个模型对多种语言障碍作出了解释，同时也告诉人们，语言需要许多特殊的大脑区域相互作用。语言非常复杂，不可能只定位在一个中心。

然而，韦尼克模型还太过简单，无法解释所有语言的使用情况。

现代研究人员多次发现，严重语言障碍患者几乎都有皮层下损伤及皮层损伤的情况。当我们清楚了对良好实践行为（习惯）的控制会被传递到皮层下中枢后，就会清楚为什么皮层及皮层下受损会导致语言障碍了。很多日常会话都是例行公事，我们对大部分的谈话、倾听都漫不经心。

想一想，虽然我们极力避免在谈话和写作中使用陈词滥调，但还是常常会用到。

“极力避免”就是陈词滥调。

“陈词滥调”也是。

是啊，宝贝，我当然在听足球教练说的话呢。

正常谈话只需要我们偶尔把注意力放到对话上就可以了。生活丰富多彩，人们不可能总是把注意力放在语言上。

## 语言与全脑

现代脑成像技术使我们能够在人们执行各种语言任务时对它们进行研究。这些研究表明，在说话和理解时，大脑左半球的经典语言区确实处于活跃状态，但这些研究也表明，即便是在执行相对简单的任务时，大脑的许多其他区域也会非常活跃。

我认为大脑右半球在语言中发挥的作用比它公认的作用更大。
现代研究证明，霍金斯·杰克逊的说法是正确的。成人的右脑受损可导致患者在说话时出现犹豫和重复的问题。
此类患者说话时单调、没有感情，这可能会使亲朋好友感到非常不安。
他们也很难识别他人声音中的情感。
戴表了吗？
没有，谢谢。

右脑受损还会影响患者理解许多不太明显的语言特征，例如患者对间接问题（如“你戴表了吗？”并不是要问对方是不是戴表了，而是要询问时间）、讽刺、幽默和隐喻等的理解都会出现问题。这些问题揭示了语言的复杂性——语言是“思维”的另一个重要线索。

## 语言、理解与行动

读一下这句话：

**“十八号龙虾要发火了。”**

刚看见这句话，你可能会在头脑里构思一个奇异的超现实画面。但是想象一下，在一个繁忙的餐馆，桌子上写着编号，一个疲惫的服务员对另一个服务员说了这句话。一下子这句话就说得通了。

“十八号龙虾要发火了。”
Speech
理解话语并不只是识别单词和句子。
我们必须要理解话中的意思以及说话人的意思。


言语是行动的一种形式。

在讲话者通过语言来要求、否认、哄骗、告知、吹嘘时，听者根据他们对语言的知识、当前的语境、社会背景，以及讲话者的个性、意图、困惑等方面来理解讲话者的话语和说话方式。

说和听的行为都要充分利用各种记忆信息、推理、个人某个形象的投射等。所以，正常的语言使用会涉及大脑的各个区域，这也不足为奇。

大脑产生行为，即运动。虽然有运动系统的存在，但几乎全部大脑都在某种程度上控制着运动行为，即便是那些被认为主要负责感受的区域也不例外。比如说，如果腿“睡着了”，你就很难走路。如果没有对运动系统运转状况的感官反馈，运动系统就难以顺利发挥作用。

## 调节运动

在进化和个体发展过程中，对运动的控制从身体向外延伸到四肢，并沿着四肢延伸到手、脚趾。婴儿在子宫中就能全身运动。出生后不久，婴儿的四肢就学会了胡乱摆动。

几周内，婴儿开始能够用手臂兜取物体。

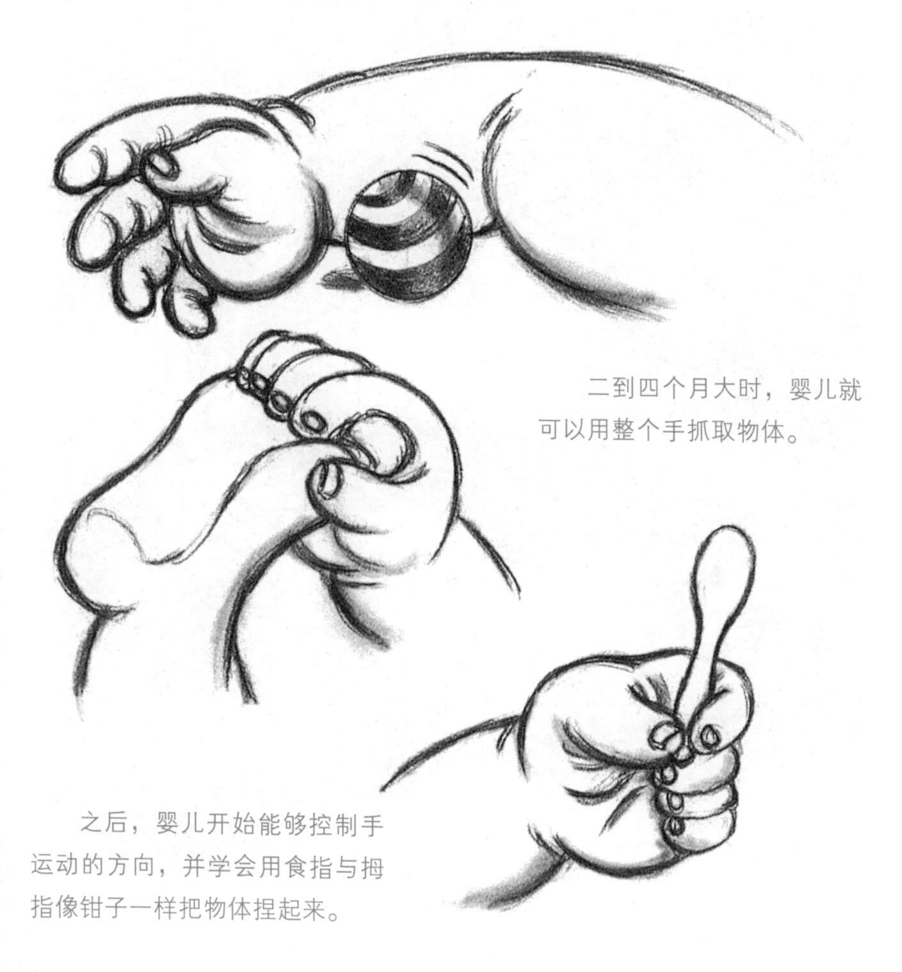

二到四个月大时，婴儿就可以用整个手抓取物体。

之后，婴儿开始能够控制手运动的方向，并学会用食指与拇指像钳子一样把物体捏起来。

婴儿运动从粗略到细致的发展遵循了抑制调节原理。细致运动与粗略运动所依从的运动指令是相同的，只是活动的范围缩小了。你可以试着弯曲一个手指，同时让其他手指保持直立不动。这个动作食指做起来并不难，但是对那些很少自主运动的手指就会难一些。通过抑制性调节，可以逐渐将婴儿粗大的动作“精雕细琢”，发展成为细致的动作。

## 两个运动动作控制系统

捡起物体的动作包括两个部分：

这两个动作由大脑到脊椎之间工作的两个运动纤维分别控制，即锥体外纤维束和锥体纤维束。

某个纤维束受损，其相应的运动动作就会受到影响。

例如，下行锥体束受损会影响抓取的效果，但这对伸手够物体这个动作的时间及准确度则几乎没有任何影响。

## 动作控制水平

动作控制阐明了控制水平的概念。最低水平的控制是脊柱控制，其中包括保持肌肉张力和姿势的反射（例如膝跳反射），以及直立行走等运动模式中脊柱发挥的自主作用。

最高水平的控制是对诸如小心移除手上细小碎片等动作的自主控制。
这些控制需要精准协调，还需要视觉、触觉和疼痛等感官的反馈。
小心一点！

在这两个极端之间，自动与被动分为多个层次。正常呼吸不需要学习，基本是自动的；行走学起来很难，学会之后是半自动的。被动包括抽搐、伸展与打呵欠的需要，以及触摸的种种冲动。现在我们来看一看运动系统中如何发展出不同层次的控制水平。

## 运动系统

自动化程度反映了包括脊椎、脑干、小脑、基底神经节和大脑皮层运动区在内的运动系统控制水平。

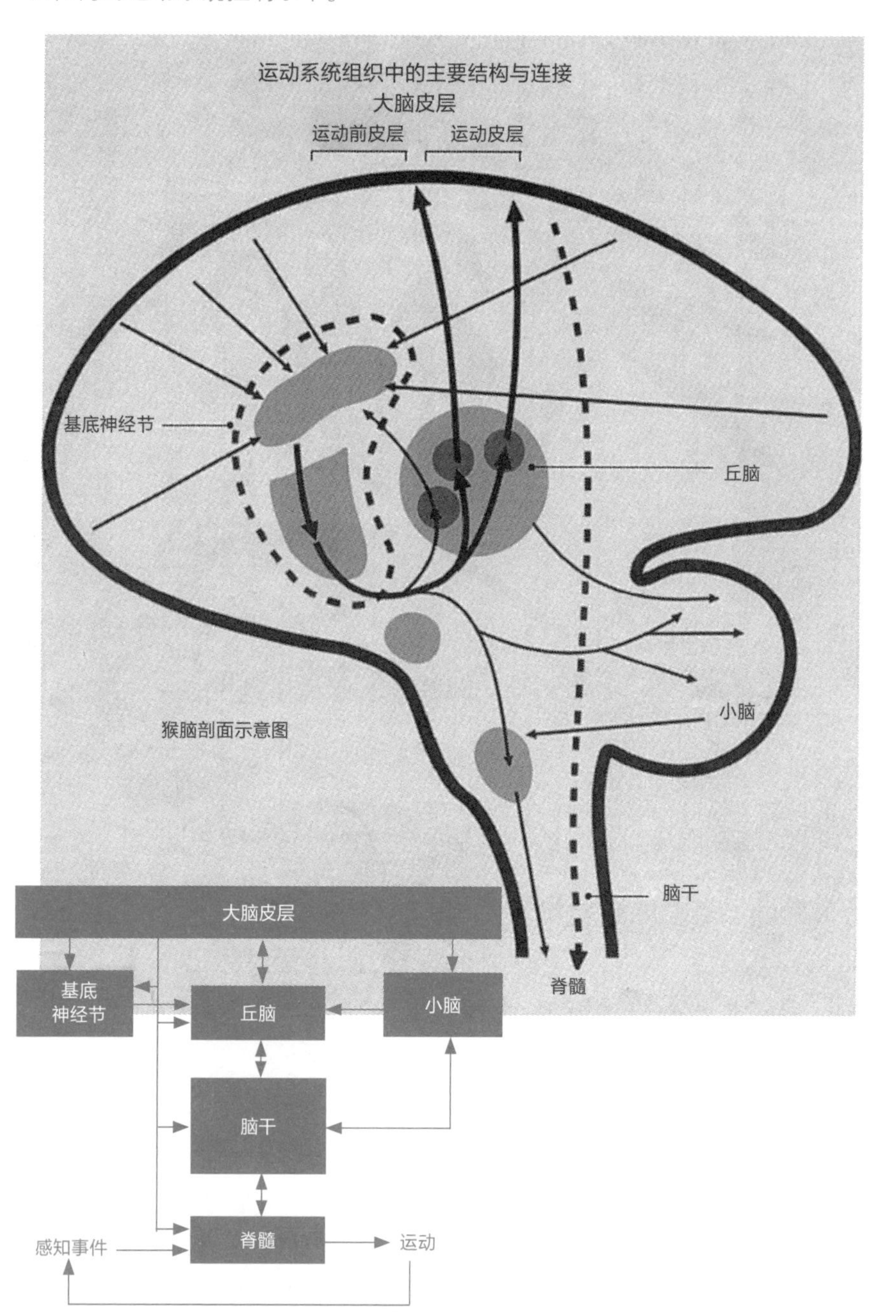

## 运动系统受损

所有形式的运动，无论从身体哪个部位开始，最终都表现为脑干和脊柱中运动神经元的牵动。运动神经元受损会导致相应的身体部位瘫痪。

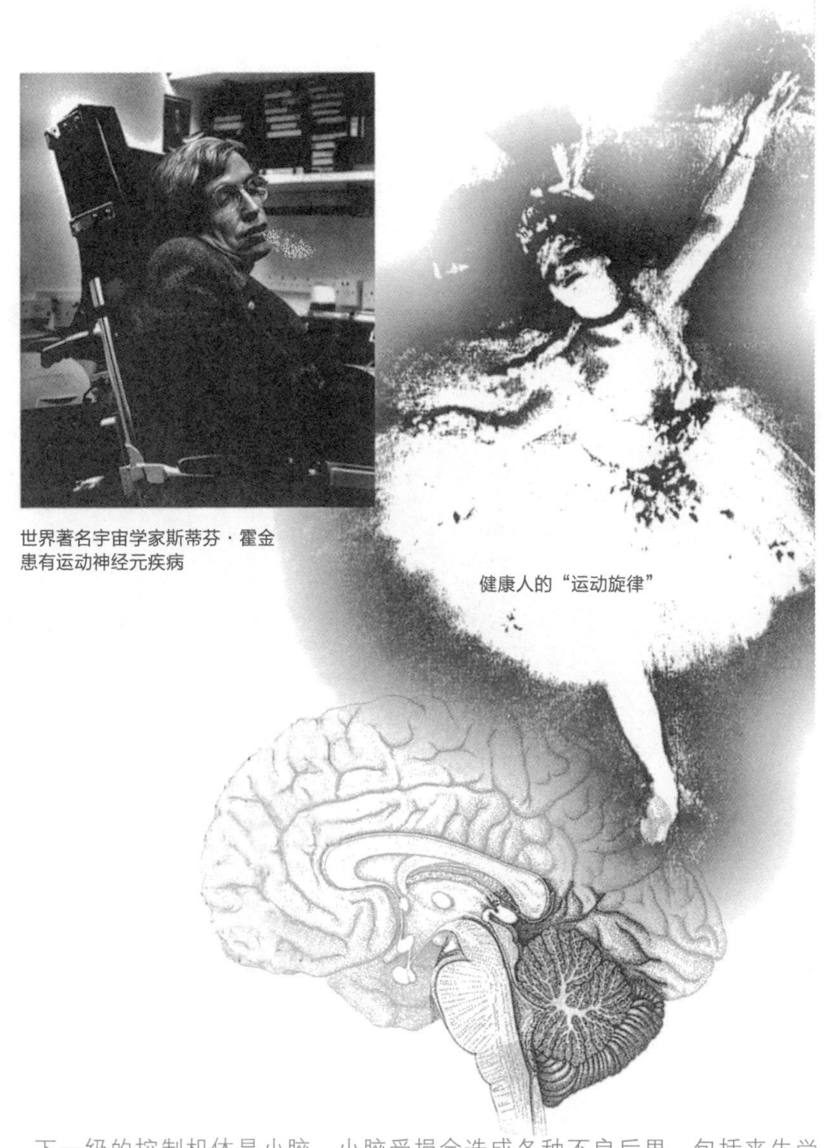

世界著名宇宙学家斯蒂芬·霍金患有运动神经元疾病

健康人的“运动旋律”

下一级的控制机体是小脑。小脑受损会造成各种不良后果，包括丧失学习新动作的能力、姿态失调、动作发抖、无法进行有节奏的运动、运动顺序被打乱等。小脑在其中似乎扮演着好几个角色：存储熟练的运动顺序，对所选的动作进行微调和计时将它们合成健康个体的运动旋律。

基底神经节（BG）的功能与小脑一样复杂。帕金森症患者的症状是颤抖、无法运动、基底神经节中缺少多巴胺。基底神经节中出现异常也是亨廷顿氏病的特征之一，这是一种退行性疾病，其症状包括不自主地做鬼脸、抽搐及身体扭曲。

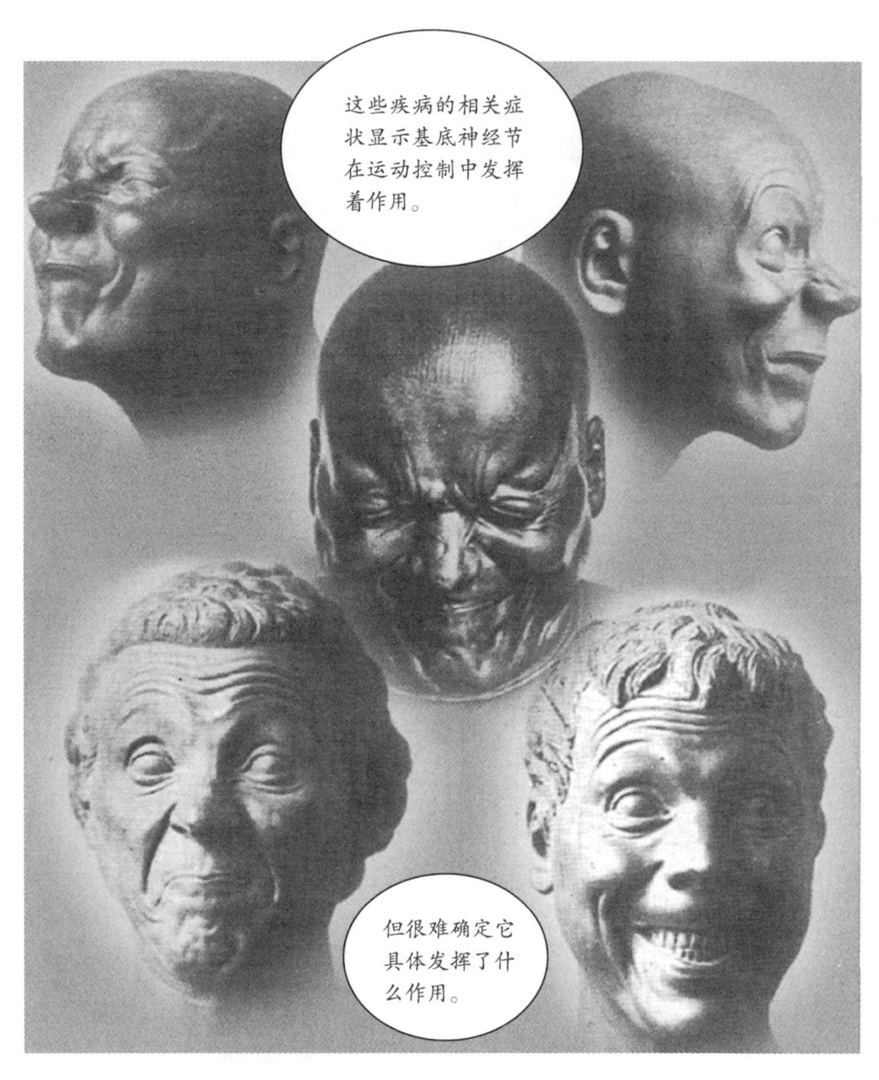


一种理论认为基底神经节负责运动的力量、方向、程度和持续时间。错误计算动作所需的力量可能导致患者无法运动，如帕金森症；也可能导致运动过度，并伴随一系列过度代偿，导致患者做出各种奇怪的动作，如亨廷顿氏病。

主要运动皮层是最高运动中心，如果遭到破坏，会导致熟练及精确动作能力的丧失，特别是手和手指上的动作。这是因为控制手的椎体纤维源自运动皮层。

学习、记忆运动顺序基本上不受运动皮质的影响。
虽然有时行动笨手笨脚，但还能按习得顺序活动。

由此推断，小脑负责处理运动学习和运动记忆。

## 自主运动的产生

左顶叶后部受损会造成观念运动性失用症。患者很难进行活动或演示。而在使用具体物体时（如“告诉我怎么用锤子”），特别是在物体实际存在的情况下，情况就会好很多。

问候、敬礼等象征性的动作是最难演示的，如果不在正常的社会背景下，演示这些动作就更难。

患者丧失了不受外部环境推动的自主运动能力。

左顶叶靠近语言中心，因此可能会影响自主运动。

列夫·维果茨基（Lev Vygotsky，1896—1934）认为，自主运动始于儿童和成人的相处过程。两人面对同一物体时，成年人发出指示，孩子则学着遵循指示。

随后，在学说话时，孩子会使用相同的口头指示来控制自己的行为。监听三四岁孩子说话，会发现他们絮絮叨叨，把自我指示的话说出来。但是随着年龄的增长，这些话语会逐渐内化。（这在读写文化中更常见，对于自言自语的行为，人们的评论并不友善！）

我是谁

**本体感觉与身体自我**

动作控制分为不同的层次，因此某一处的损伤不会影响运动系统的整体功能。完整的结构总能游刃有余地完成各项动作。某种感觉缺陷会导致最严重的运动功能丧失，这颇有讽刺意味。

“我是谁？”也是一个关于身体的问题，即“我在哪儿？”

有时疾病或维生素过量也会让人失去本体感觉，导致身体感觉的完全丧失，身体自我也随之消失。患者感觉不到身体的存在，因此也不能运动。身体意识的丧失更让我们明白了运动与思维之间的关系。

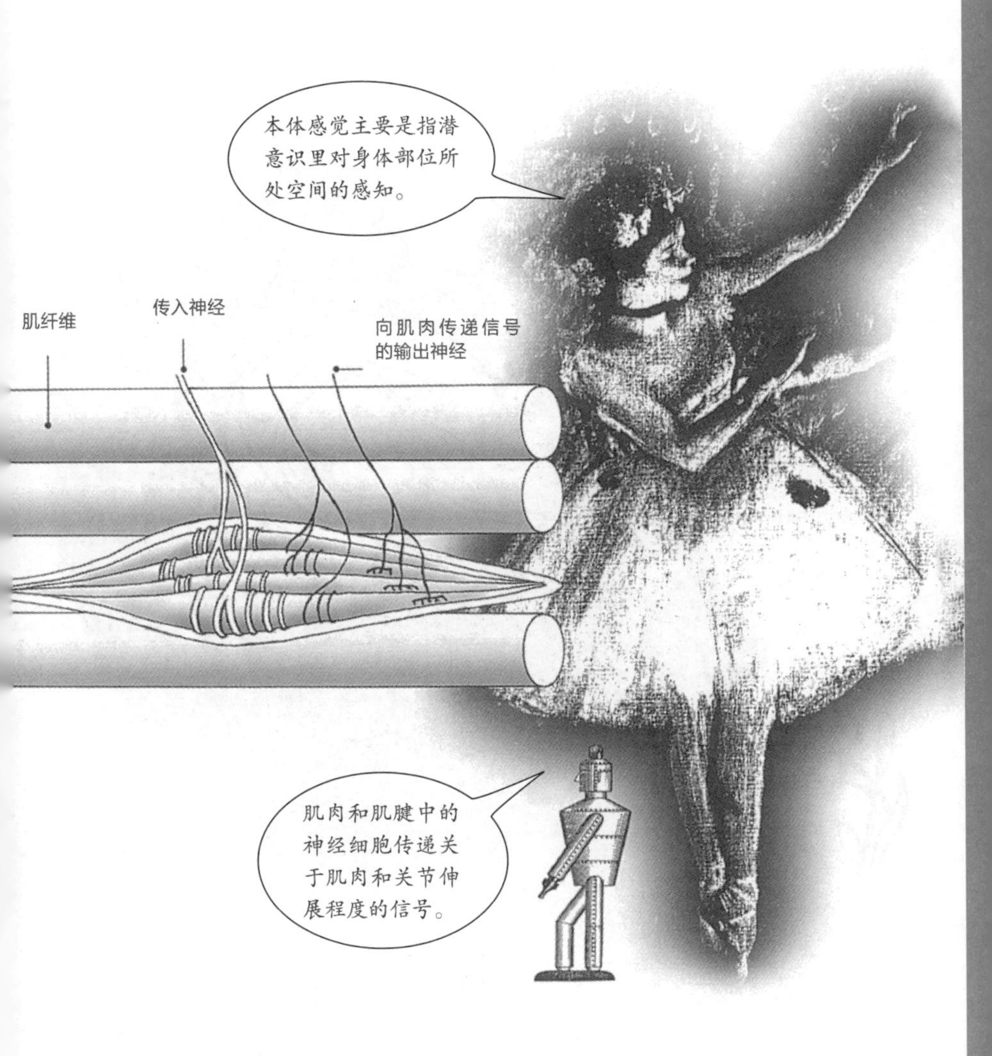

本体感觉主要是指潜意识里对身体部位所处空间的感知。
肌纤维
传入神经
向肌肉传递信号的输出神经
肌肉和肌腱中的神经细胞传递关于肌肉和关节伸展程度的信号。

本体感觉（伸展）的受体位于肌肉与关节中。

## 嗅觉与情绪

边缘系统，有时又被称为情绪大脑，在情绪的体验和表达中发挥着重要的作用。最初进化出边缘系统是为了评估气味。

边缘系统的一些主要部分：

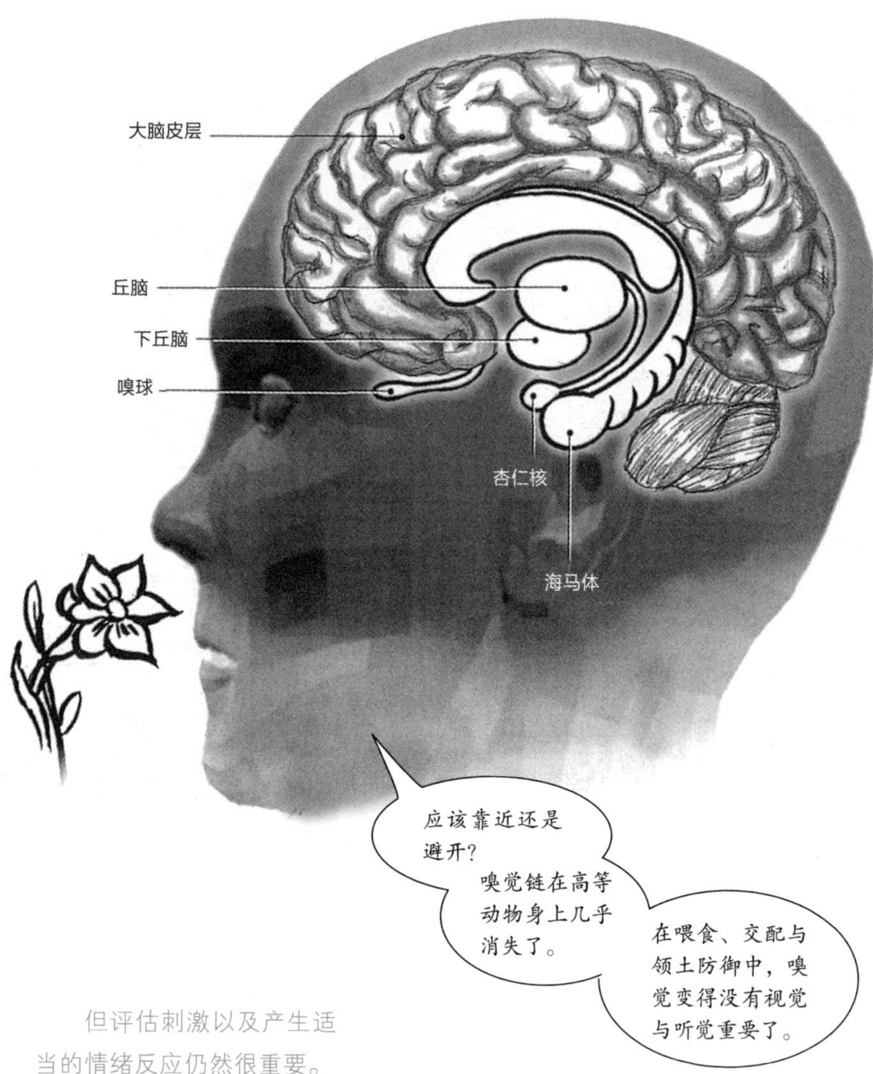

大脑皮层
丘脑
下丘脑
嗅球
杏仁核
海马体
应该靠近还是避开？
嗅觉链在高等动物身上几乎消失了。
在喂食、交配与领土防御中，嗅觉变得没有视觉与听觉重要了。

但评估刺激以及产生适当的情绪反应仍然很重要。

## 情绪反应

在快乐或生气时，人们的边缘系统会处于活跃状态。边缘系统的癫痫发作会使患者产生强烈的情绪反应，这些反应既有恐惧也有狂喜。

电击动物的边缘系统时，动物会产生情绪反应。而损害该系统则会导致动物正常情绪行为的丧失。

情绪非常复杂，是边缘系统与许多大脑区域共同作用的结果。对恐惧的研究即能证明这一点。

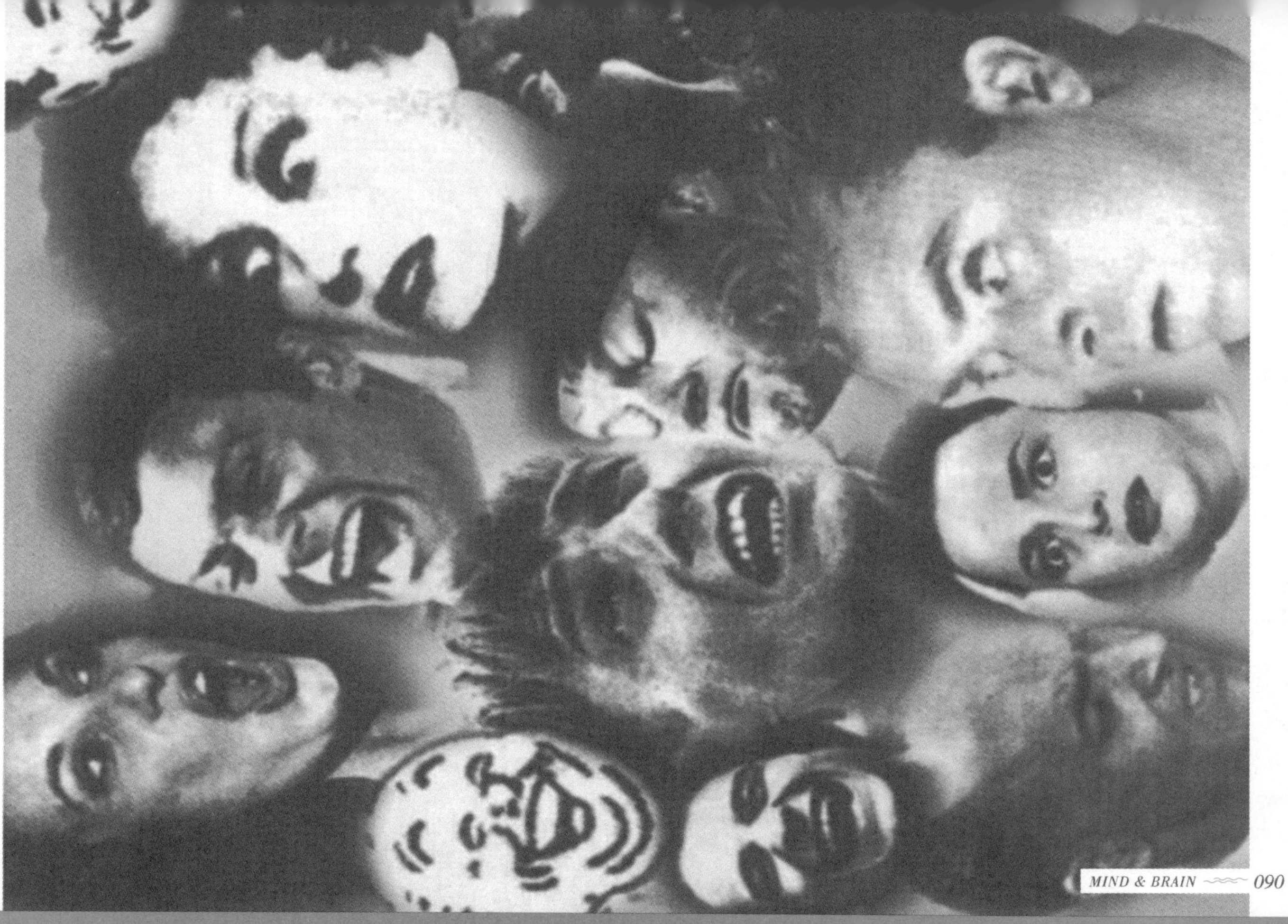

## 剖析恐惧

如果动物学会通过按压控制杆来获取食物，得到食物后就会受到电击，那么两件事会发生：一是动物受到电击后心跳加速；二是受到电击后的动物一段时间内不会去碰控制杆。动物的这两种反应都是非习得性恐惧。

接下来，如果在电击动物时总是伴随铃声，如此实验几次之后，铃声再次响起时，即便不电击老鼠，它也会心跳加速并停止按压控制杆。此处老鼠的两种反应行为即为对铃声的习得性（或条件性）恐惧。

## 恐惧对称性

如果老鼠下丘脑的某个区域受到了微小的损伤，那么当铃声响起时，老鼠的心跳就不会再急剧加速，但是它仍然会停止按压控制杆的行为。大脑损伤消除了一种习得性恐惧，却没有消除另一种。然而，如果再次电击老鼠却没有打铃，那么该动物还会出现非习得性心率变化及非习得性停止按压控制杆的行为。

在心率变化方面，习得性恐惧和非习得性恐惧由不同的大脑回路来承载。

这看起来似乎很复杂，事实上也确实很复杂。这也是大脑和行为（或大脑与思维）之间典型的复杂关系。下文中我们还会遇到很多这样的例子。接下来我们要介绍另一种与恐惧情绪相关的行为。

## 皮层下学习

眼睛和耳朵获取的信息首先会被传送到丘脑，再从丘脑传递到大脑皮层的视觉和听觉区域。过去人们认为，视觉与声音首先由大脑皮层区感受、识别，被识别的信息随后被传递到边缘系统，从而产生情绪反应："这是好还是不好？"

不过人们已经发现，除了这种间接途径（丘脑→皮质→杏仁核）之外，还有一种途径能将信息从丘脑直接传递到杏仁核。

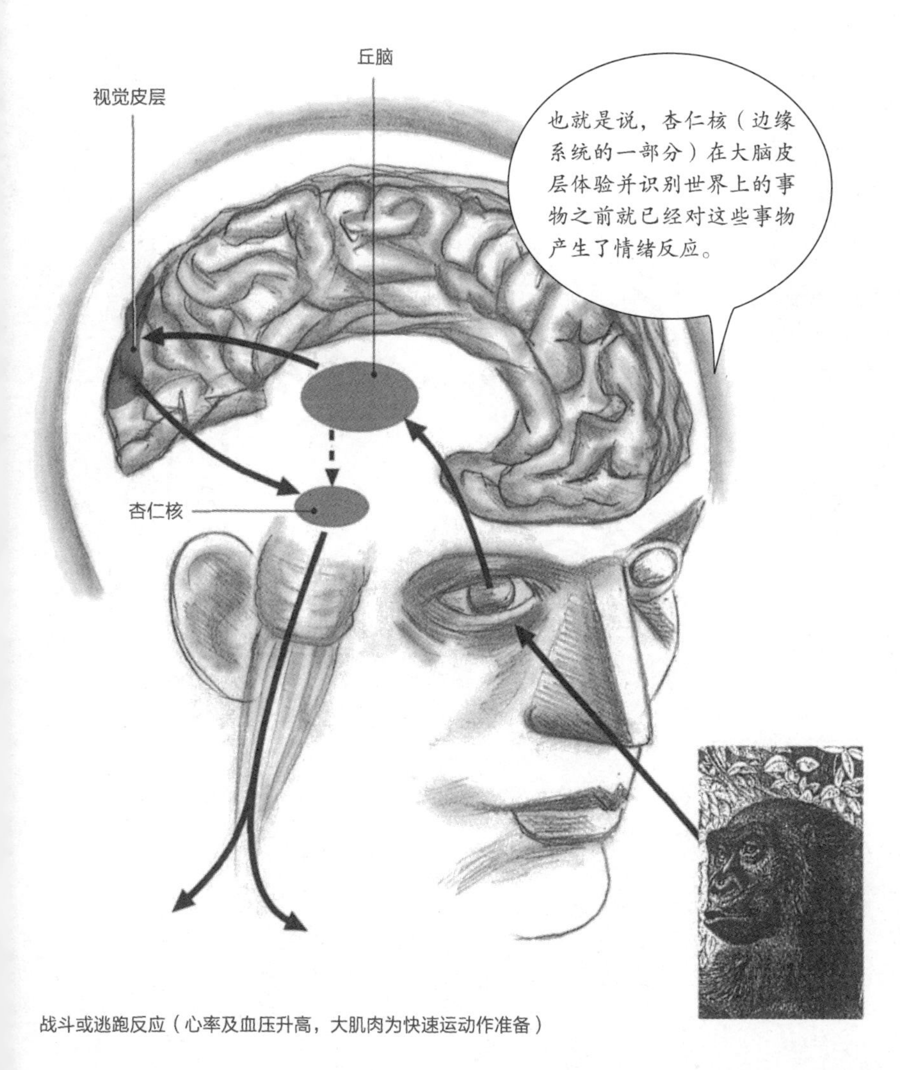

丘脑
视觉皮层
也就是说，杏仁核（边缘系统的一部分）在大脑皮层体验并识别世界上的事物之前就已经对这些事物产生了情绪反应。
杏仁核

战斗或逃跑反应（心率及血压升高，大肌肉为快速运动作准备）

## 知道何时害怕

如果有听觉皮层的老鼠在被电击的同时听到铃声，那么老鼠很快就学会害怕这种声音。

杏仁核和其他边缘结构能够感知、记忆和学习，由此可以推测，那些没有大脑皮层的低等动物，其杏仁核和边缘结构也是这样运转的。

再回忆一下小海鸥索取食物的行为，可能也是出于同样的原理。海鸥的大脑回路会对黄色鸟嘴上的红点这一简单特征作出反应，而不会对成年海鸥的复杂形状作出反应。

同样，许多动物会因为漂浮的云朵以及摇曳的树枝而惊慌逃窜。这样的大脑回路是为了探知潜在捕食者的活动。因此，稍有风吹草动就有可能刺激这些动物。

那么，在无意识认知参与的情况下，人类也能实现情绪学习吗？这可以解释为什么有时候我们会毫无道理地产生情绪反应。如果一个陌生人与我们之前认识的某个人有共同特征，那么由于习得性反应，我们可能会对这个陌生人产生强烈的情绪反应。

## 情绪的“左与右”

认为只有边缘系统在情绪中起作用的想法是不对的。因为有时只有在通过新皮层有意识地思考某些事或与人对话之后，我们才会产生强烈的情绪反应。

下面画了两张脸。把焦点分别放在两张人脸的鼻子上，你觉得这两个人哪个看起来开心一些?

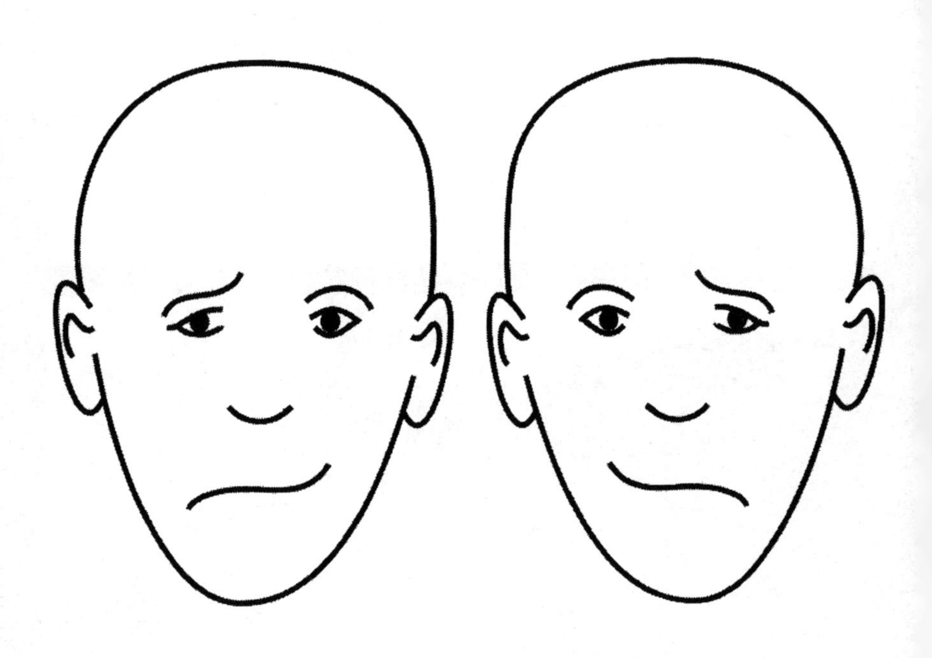

两张图片是镜像对称的，但是大多数人认为右边的脸看起来更开心一些。

这是因为负责分析面部表情的大脑右半球首先看到的是人脸的左半边。在判断上图中人物的情绪时，我们受两图左脸的影响要大于右脸。

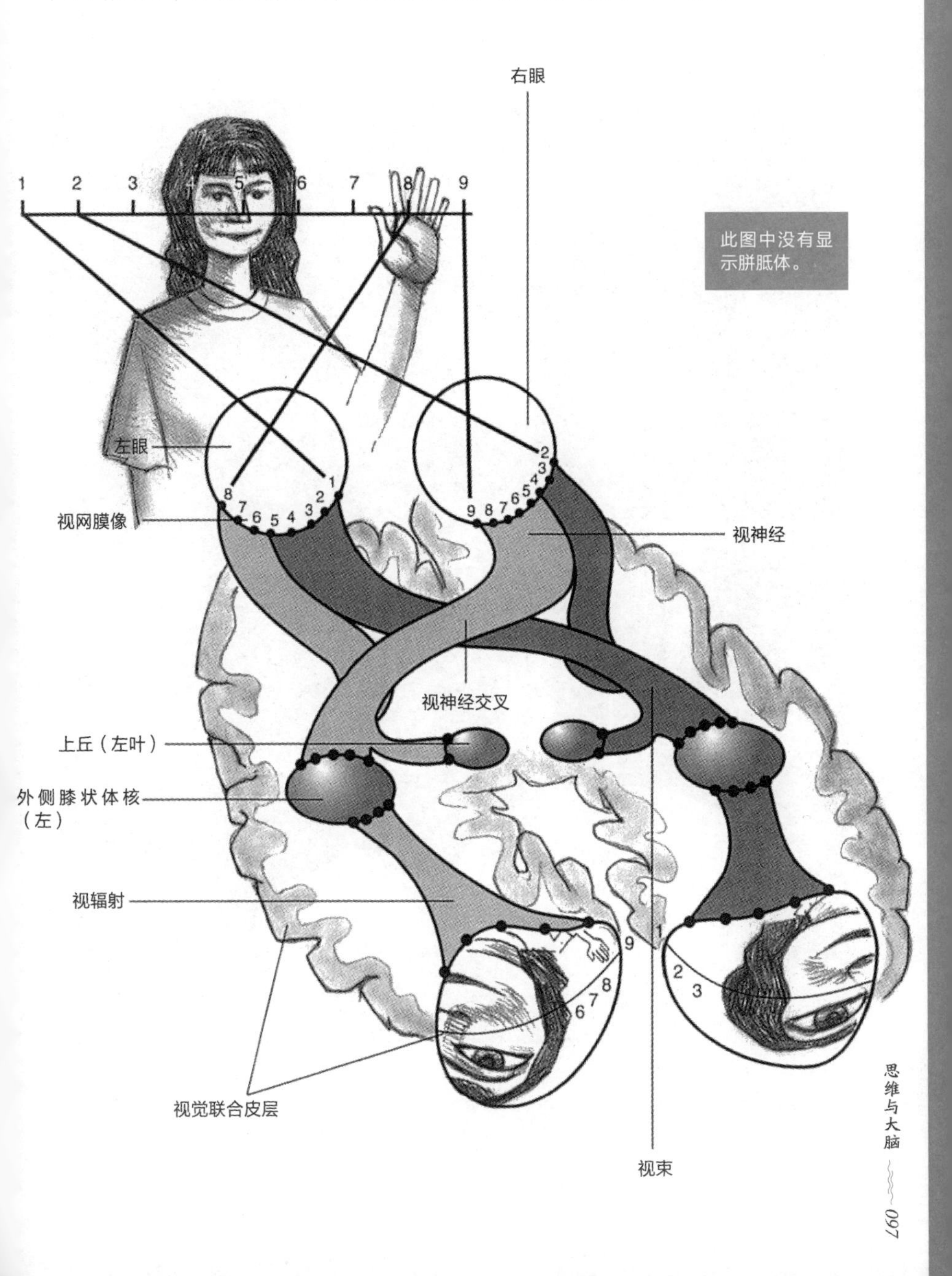

## 情绪语气

在判断话语的情绪语气时，右脑也比左脑发挥的作用更大。左脑受损的韦尼克失语症患者失去了对语言的理解能力，但是他们对说话者情绪语气的判断却比正常人或右脑受损的人更为敏锐。

因为他们不受说话者话语含义的影响，更注重说话人是怎样说话的。
医生今天情绪不太好。

左右脑在情绪产生方面也存在差异。与右脑相比，左脑与积极情绪的关联更密切。左脑受损的人更容易抑郁，而右脑受损的人则倾向于狂躁的快乐。在这两种情况下，未受损的一侧大脑不再受另一侧大脑的牵制，其情绪特质就显现出来了。

## 情绪与理智

有人认为情绪是智力的对立面——是我们对“动物本性”的继承。

情绪是身体的状态，而思想是思维或心灵的状态。
与理性相比，人们认为情绪是一种更为原始的处世方式。
要获得纯粹的理性，就要抑制情绪。
以马内利·康德（Immanuel Kant，1724—1804）
柏拉图（Plato，428—348 B.C.）


但人们得不到纯粹的理性，因为理性思维不是神的礼物，不能脱离人的生物本性。思想和情绪都是大脑活动的表现，因此像其他身体机能一样，思想与情绪也是相互依存的。

## 参与决策的情绪

边缘系统与额叶联系紧密。可出人意料的是，当这些联系被破坏时，患者的智力并不会受到很大的影响，可他们的个人、社会和职业生活却会崩塌。他们的决策过程会出现问题：在面对需要作出决定的问题时，他们会分析评估所有的备选方案，通常要用很长的时间才能作出决定，作出最后的选择却可能出于不相关的原因。以下是为患者安排会诊时间时患者的表现：

他们可以理智地交谈，认识到什么能被社会接受，什么不能被社会接受，但他们内心似乎感觉不到自己的情绪评估。他们甚至会说，虽然知道自己应该有什么感觉，可就是没有这种感觉。

对这些患者的研究表明，情绪是正常推理和决策的重要组成部分。当一个正常人面临问题时，根本不会费心考虑许多可能的解决方案。他们会有意识地选择那些让他们“感觉正确”的解决方案。

不应该无休止地纠结于琐碎的问题，因为这些问题根本不值得花大量时间去考虑。可如果负责接收边缘系统输入信息的额叶区域受损，患者的思维过程似乎失去了情绪引导。

## 记忆使你更灵活

情绪可能有助于推理，但在推理之前，情绪必然对自主行为起到了引导作用，从而使行为更加灵活。惊吓反应等非特定的情绪反应可以起到一般的刺激作用，使动物为某些行为作准备。

对一种刺激“好”或“坏”的情绪评价能进一步促使动物做出接近或躲避的行为。
铃！！
铃！！
铃！！
此外，情绪为简单学习及记忆提供了基础。

假如老鼠在受到电击前不久听到铃声。电击能让老鼠产生非习得性恐惧，而通过条件反射，铃声能激发它的习得性恐惧，因此一听到铃声就想逃跑。老鼠的行为更灵活了，因为它不需要再等到被电击时才“知道该怎么做”了。

对于通过嗅觉探索世界的动物来说，这种学习尤为重要。在视觉接触之前，它们会在远处感知潜在的食物、配偶以及捕猎者。这意味着它们可以在适当的时候寻找或逃离气味的来源。如果它们也能够根据情绪调节自身行为，在接近或逃离时，它们就会有更多的反应。如果这些动物的反应都是与生俱来的，它们的行为就不会这样灵活了。

对于小说家马塞尔·普鲁斯特（Marcel Proust，1871—1922）而言，某种特定的茶和蛋糕的味道，就能够开启他过去所有记忆的闸门。

因此，靠近边缘系统的大脑皮层区（最初是“嗅觉大脑”，之后发展成为“情绪大脑”）能够在学习和记忆中发挥重要作用，这并不奇怪。而这一区域就是位于颞叶内表下方的鼻腔皮层。

## 通过研究健忘症，我们能对思维有哪些新认识

双侧大脑半球鼻腔皮质受损都会导致严重的记忆丧失或健忘症。健忘症的主要特征是受伤后记忆会出现严重的缺失（逆行性健忘症）。

如果短时间接触，健忘症患者的表现非常正常，可时间一长就不行了。才过几分钟，他们就会忘记之前的信息和发生过的事。

健忘症患者永远活在当下，不记得刚刚过去的事以及对未来的期望，似乎永远处于一种刚醒来的状态。

需注意的是，虽然有些人会忘了“自己是谁”，但这并不是通常意义的“健忘症”。

## 两种记忆

健忘症患者能回忆起很久以前的事，却记不住最近发生的事，这表明鼻腔皮层必然参与了新记忆的储存而非记忆的恢复。然而，即使是高度健忘症患者也能储存某些新的记忆，比如打字或滑旱冰等程序性（如何去做）技能。在获取新的程序性技能方面，健忘症患者可能并不比正常人差。

在感知学习与记忆方面，他们也表现正常。

感知学习的例子包括学习识别花或鸟的种类、辨识制作糕点的面糊什么时候达到合适的稠度，或者听出发动机的运转调速是否合适。在感知学习的实验室演示中，通常使用如上图一样让人感到困惑的图片。你能看出图中画的是什么吗?

## 有情绪记忆和无情绪记忆

有许多图像，比如说X射线图，虽然让人感到困惑，却需要人们来解读。一旦人们学会了用“正确的”方式来看这些图片，就永远不会忘记“怎样去解读”了，健忘症患者也是如此，只是在几小时或几天后重新测试，他们会否认曾经看到过这些图片。

由此可见，鼻腔皮层负责处理与最新经历相关的记忆，却不处理新的、关于如何做的程序性记忆，这是合乎逻辑的。

生活中的经历能引起各种情绪。

边缘系统紧邻鼻腔皮层，在情绪体验中发挥着至关重要的作用。

鼻腔皮层在记忆生活经历中发挥着重要作用。

记住那些让人情绪激动的事是有道理的，因为这些事对我们来说可能更重要。因此，释放到血液中的神经化学物质能使身体处于警戒状态，也能指示大脑长久储存这一刻的记忆。

与自身经历相关的记忆相反，程序性（如何去做）记忆没有情绪负载。虽然在使用程序性技能时，我们成功了会高兴，失败了会沮丧，但产生这些情绪是因为个人使用技能的经历而不是程序性技能本身。

动物在产生情绪之前很早就进化出了运动技能记忆。海兔就已经能够实现习惯化和敏化。此类例证表明，相对古老、低等的大脑结构也能记忆运动技能，而事实证明正是如此。

## 记忆定位

以兔子眨眼的条件反射为例。对着兔子眼睛吹气（UCS）会引起反射性眨眼（UCR）。如果在许多实验中，吹气的同时打铃（CS），那么最终在只打铃的情况下兔子也会有条件性眨眼（CR）的反应。如果兔子小脑中出现微小病变，那么条件性眨眼会消失，但对着兔子眼睛吹气时它却依然会出现反射性眨眼。由此可见，关于条件性眨眼的记忆痕迹储存于小脑中。

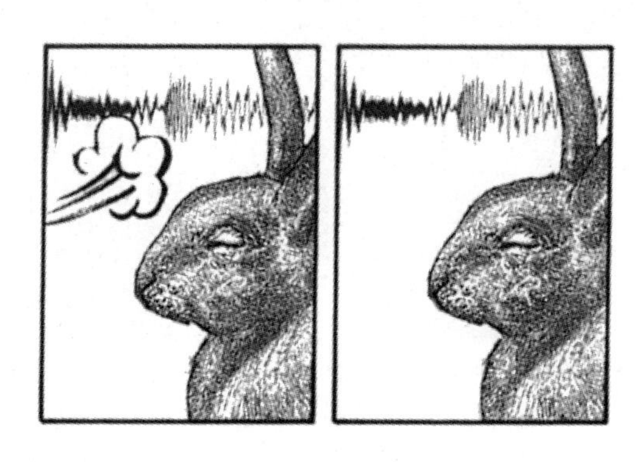

健忘症患者也有眨眼的条件反射情况。如果一天中反复对着患者眼睛吹气，同时打铃，第二天在只打铃的情况下患者也会产生条件性眨眼，却记不起前一天的反射实验。相比之下，小脑受损患者能够记起反射实验，却永远也学不会条件性眨眼。

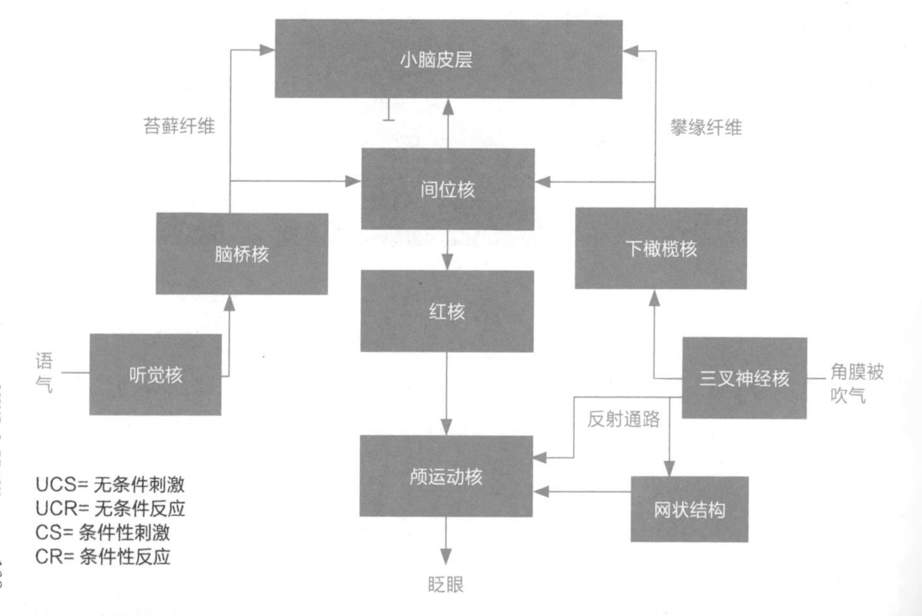

20 世纪 30 年代，神经心理学家卡尔·拉什利（Karl Lashley，1890—1958）曾尝试先训练老鼠完成简单任务，再切除老鼠大脑的不同部分，以此来定位大脑中负责记忆的位置。

我发现切除的组织越多，老鼠的表现就越差。
但是切除任何一个部位都不会完全消除老鼠关于特定任务的所有记忆。

实验结果让拉什利接受了记忆需要大脑整体发挥作用的观点。他认为记忆不单单由某个特定部位负责，这一点是对的，但是他认为记忆需要整个大脑发挥作用的观点却是不对的。记忆确实存在于特定的回路中，有时甚至是存在于回路的特定部位中。但是实际上，记忆比我们对它的认知要复杂得多，下面我们会对此进行介绍。

## 记忆的复杂性

例如，小鸡会啄发亮的珠子，但是如果在珠子表面涂上味道难吃的液体，小鸡就不啄了，因为小鸡产生了厌恶情绪。看起来这是单一记忆，然而事实证明，小鸡学会了三种厌恶情绪，即分别对珠子的形状、味道和光泽产生的厌恶情绪。

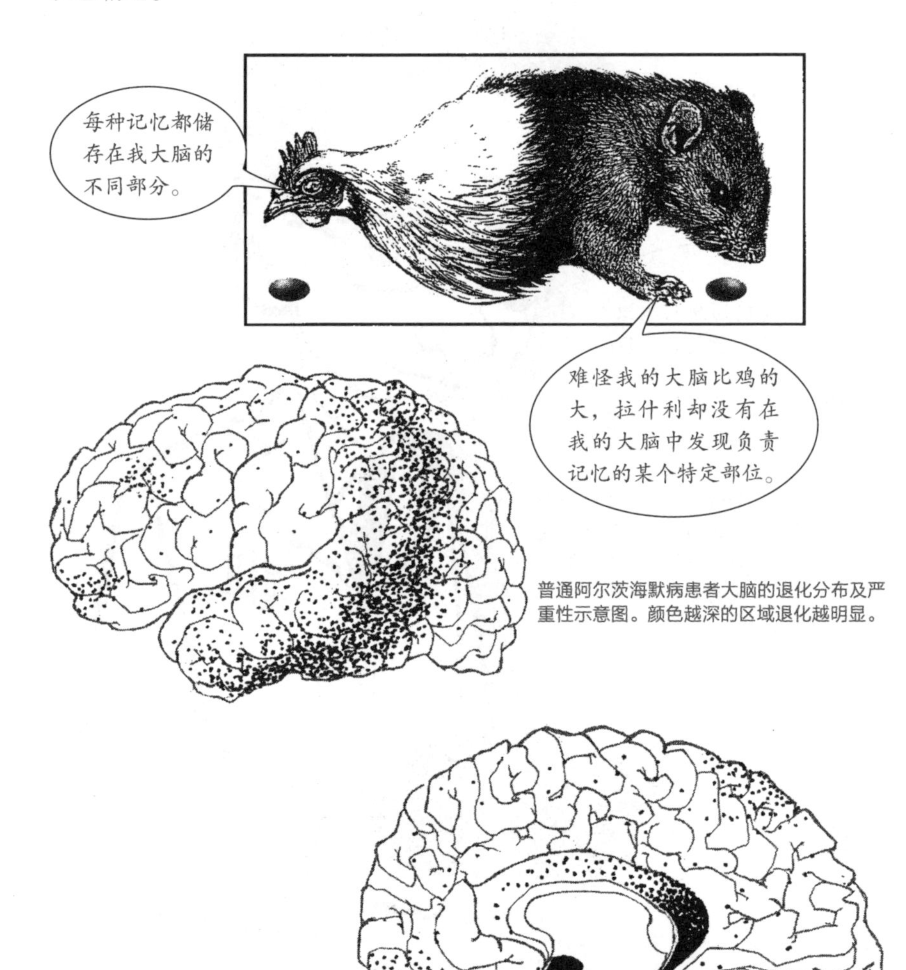

每种记忆都储存在我大脑的不同部分。
难怪我的大脑比鸡的大，拉什利却没有在我的大脑中发现负责记忆的某个特定部位。

普通阿尔茨海默病患者大脑的退化分布及严重性示意图。颜色越深的区域退化越明显。

记忆丧失是阿尔茨海默病的一个明显症状。患者大脑中鼻腔皮层细胞死亡的现象尤为严重，但颞叶和顶叶区也出现严重的退化。因此阿尔茨海默病患者不仅有健忘症的症状，还有其他记忆问题。

## 感觉与所见

与其他动物一样，人类也通过感觉了解世界。一般来说，人类主要有五种感觉。味觉和嗅觉与大脑深处的边缘系统密切相关，视觉、听觉和触觉虽然也与低位脑结构相连，但这三种感觉主要依赖大脑皮层来实现。感觉信息首先到达的大脑皮层部分被称为初级感觉区。

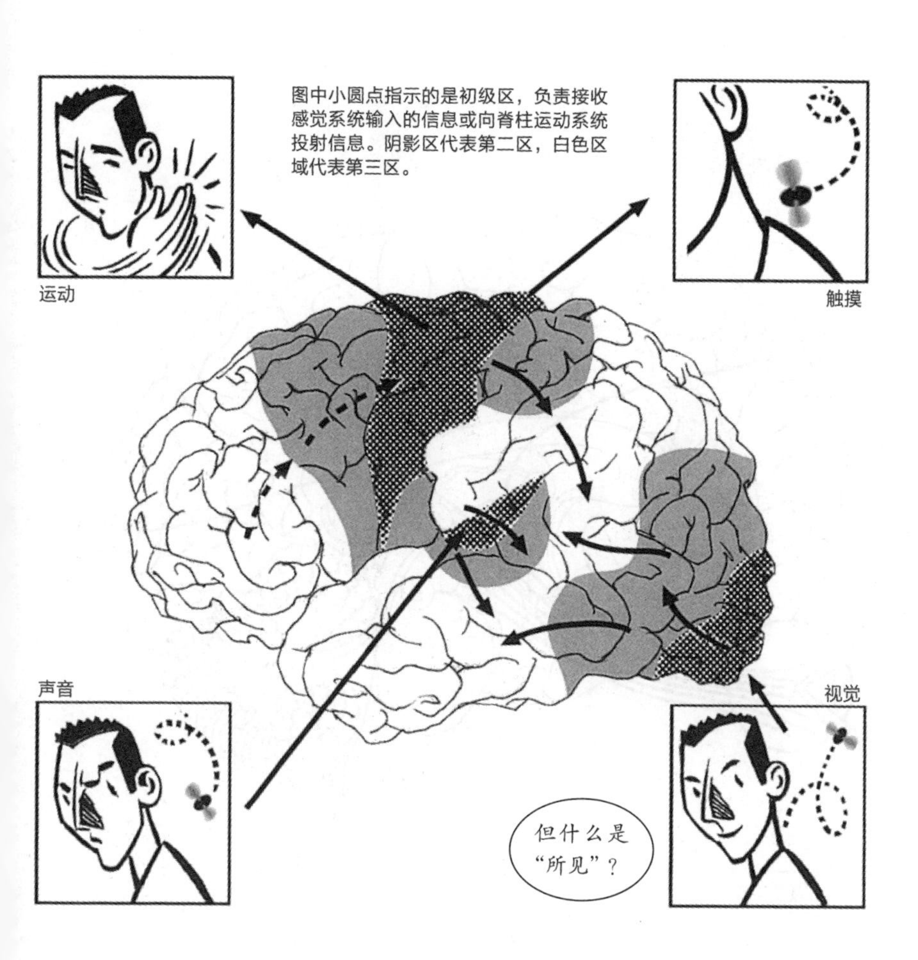

图中小圆点指示的是初级区，负责接收感觉系统输入的信息或向脊柱运动系统投射信息。阴影区代表第二区，白色区域代表第三区。
运动
触摸
声音
视觉
但什么是“所见”？

我们很容易认为所见就是对世界上特定地点、颜色的各种熟悉事物的体验，但这种所见其实是相对高级的。

其他动物对世界的视觉认识都不及人类，因为人类拥有大量专门负责分析光中信息的大脑皮层，这一点任何动物都不能与人类相比。

## 视觉结构剖析

简单而言，看就是对光的感觉与反应，例如许多生活在岩石下面的生物有避光反应。人类的视觉系统也包括一些低水平的功能。人们已经发现了七条连接视网膜与大脑的通路。连接松果腺与上视核的通路负责调节身体节奏，以适应每天的明暗循环。其他部分也不断进化，从简单的构造，发展成现在高性能的视觉体系。

本节接下来将主要介绍连接视网膜与初级视觉皮层的通路（也称为“视觉区域 1”“V1”）。这条通路包含的轴突比其他所有通路加起来都多，而且它也有自己的组成部分。

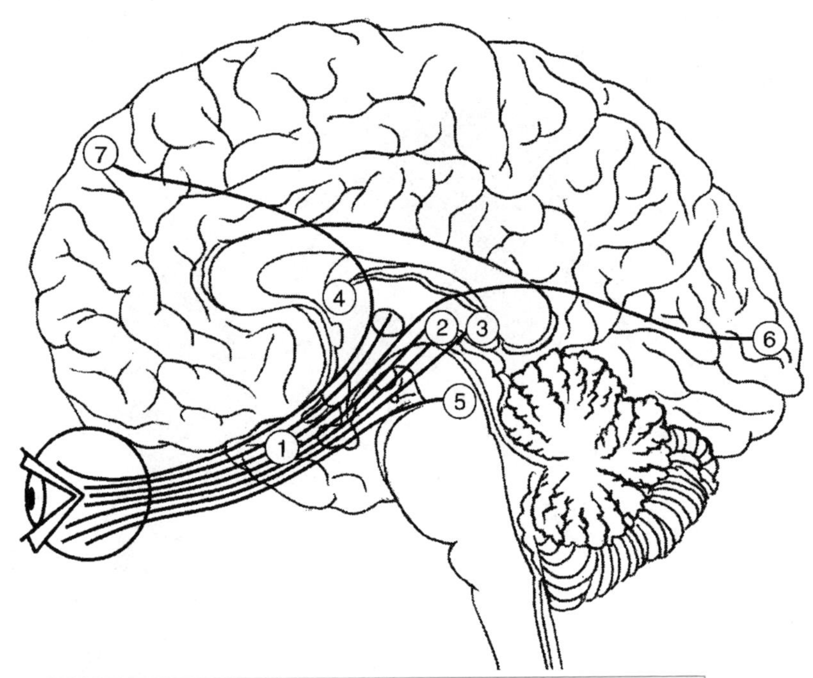


| 视觉系统 | 推测功能 |
| --- | --- |
| ① 超视核 | 调节日常节奏（睡觉、吃饭等）以适应昼夜循环 |
| ② 前顶盖 | 调整瞳孔大小以适应光的强弱变化 |
| ③ 上丘 | 调节视觉方向，尤其是将目光调整到视野范围之外的事物 |
| ④ 松果体 | 长期昼夜节奏调节 |
| ⑤ 副视核 | 移动眼睛，替代、辅助头部移动 |
| ⑥ 视觉皮层 | 形成图案、感觉、深度感觉、色觉、跟踪运动物体 |
| ⑦ 额叶视野 | 自主眼动 |

每一边的视野都与对面大脑半球的 V1 相连。在正常的大脑中，大脑左右半球通过被称为胼胝体的巨大纤维束共享两边视野的信息。

通过丘脑中的外侧膝状体核（LGN）将视网膜输入的信息传递到初级视觉皮层，即 V1。在 V1 中，视网膜上相邻的点连接起 V1 中相邻的细胞，并且 V1 受损会导致盲点（暗点）的出现。V1 中的细胞反过来又与 LGN 相连，这种双向神经交通是视觉系统以及整个大脑的特别之处。

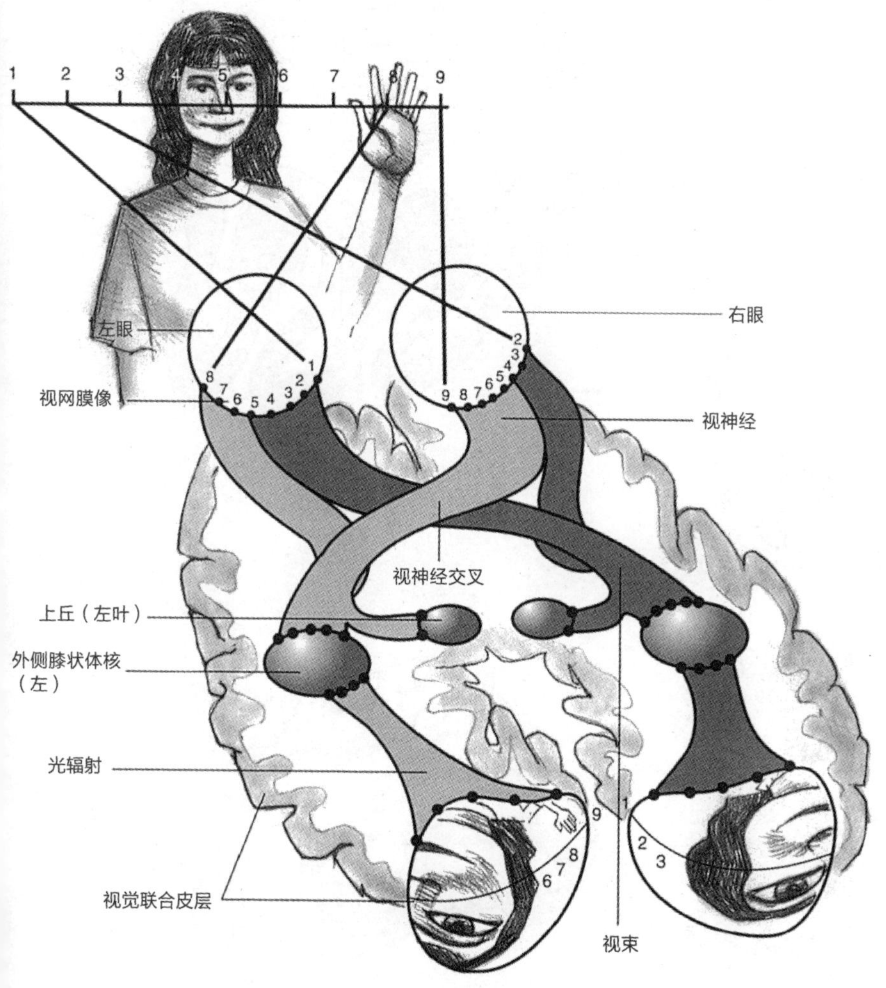

## 视觉区域：颜色、方向与形状

V1 仅是枕叶中几个“早期”视觉区的第一个。视觉区域 V1、V2、V3、V3a、V4 和 V5 通过细胞依次相连。V4 区中的细胞负责对特定的颜色作出反应，而 V5 区中的细胞则对向特定方位移动的物体作出反应。V3 和 V3a 区中的细胞能对特定方向（如垂直，顺时针方向 5°，顺时针方向 10° 等）的线条作出反应，从而判断物体的形状。

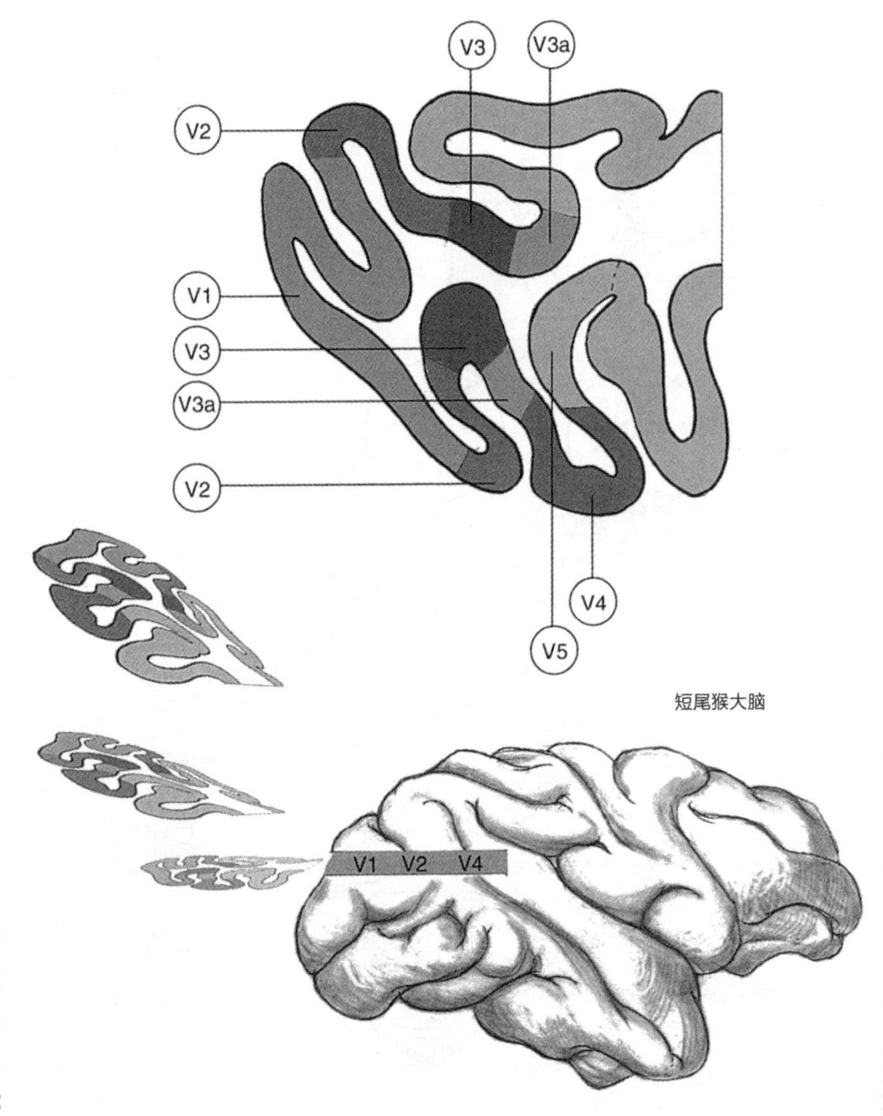

短尾猴大脑

## 色彩辨识能力丧失

对大脑成像的研究表明，看到彩色的图案时，V4 区会变得十分活跃，而移动的物体能够激活 V5 区。V4 区受损会导致色觉丧失，即全色盲，这种色盲不同于普通的色盲。

如果仅一侧脑半球中的 V4 区受损（单侧受损），那么患者眼中另一侧的世界会变成黑白的。

……而这一侧的世界依然是彩色的。

如果双侧 V4 区都受损，那么患者不仅会变成全色盲，还会失去回忆或想象色彩的能力，再也不能体会斑斓的色彩了。

## 运动盲

V5区受损会造成“运动盲”的奇异症状。患者仍然能看到事物的形状和颜色，但是移动的物体在他们眼里变成了一系列静止的照片。物体靠近时，患者眼里看到的只是几张不连续的图片，图中物体越来越大、越来越近。对这类患者而言，要安全过马路都很困难。

## 高级视觉

与枕叶相关的视觉程序只是视觉的开始部分，颞叶、顶叶和额叶中也包含许多与视觉相关的区域。仅仅是已知的视觉区域及其相互联系就复杂得让人感到惊奇。

有三条主要视觉通路从枕叶出发，分别连接颞叶（下通路）、颞下沟（中间通路）和后顶叶（上通路）。每条通路都负责处理某种特定的视觉信息。

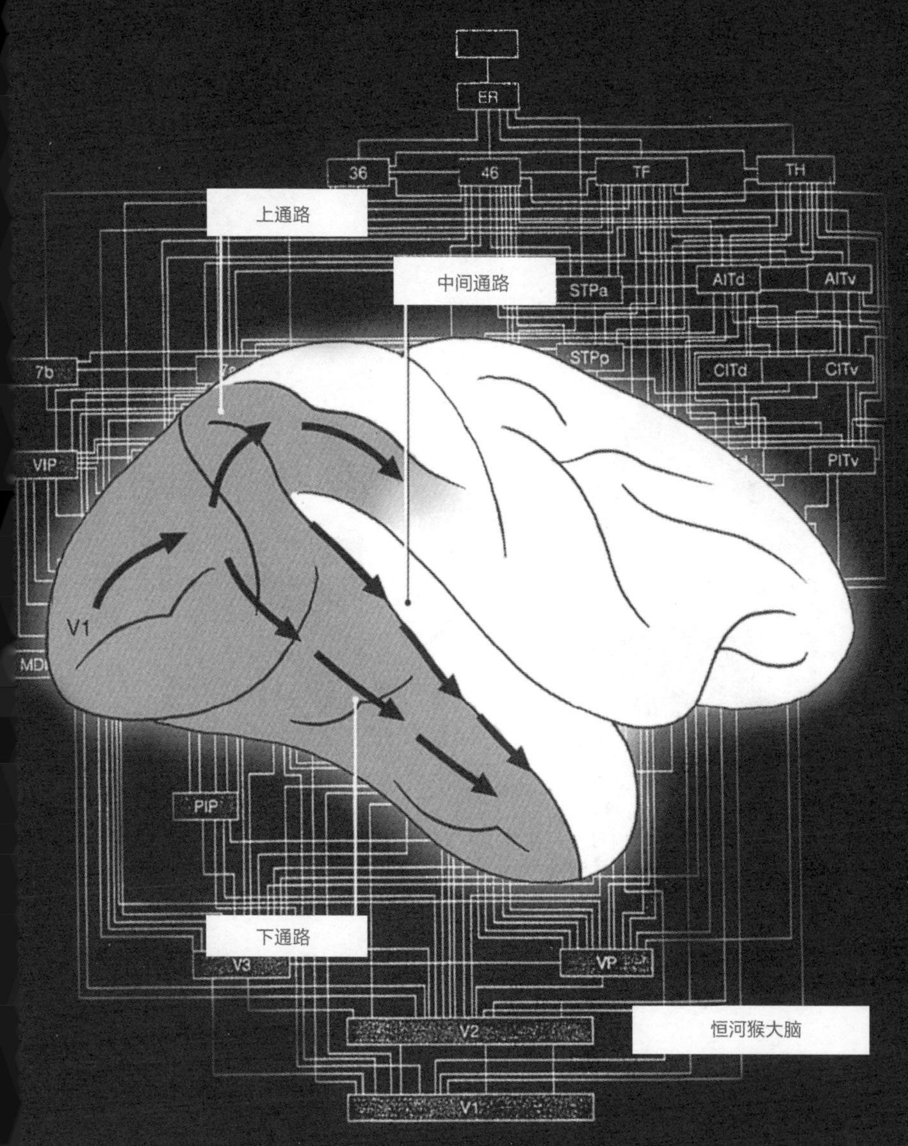

## 下视觉通路受损影响识别能力

颞叶中的细胞会有选择性地对事物作出反应，许多细胞对面孔，尤其是特殊的面孔反应强烈，而其他细胞则会对某些特殊的物体作出反应，比如说手。猴脑电极记录的研究有力证实了，颞叶受损患者对事物的识别能力也会受到影响。

无法识别物体的症状称为物体失认症，其中又包括几种不同的病症。形状失认症患者能看到颜色、深度和轮廓，但只能感知到物体的部分而非全部。

他们的注意力似乎是从轮廓的一部分跳到另一部分，不能把各部分拼成整体。

此类患者不能把他们眼前的东西完整地画出来，心里却能想象出眼前物体的形状。

而图像组合失认症患者虽然能够识别物体，每次却只能识别一个，把不同物体放在一起时，患者就不能理解了。把两个单独展示时能够识别的物体叠放在一起，患者就很难将物体分开并识别了。

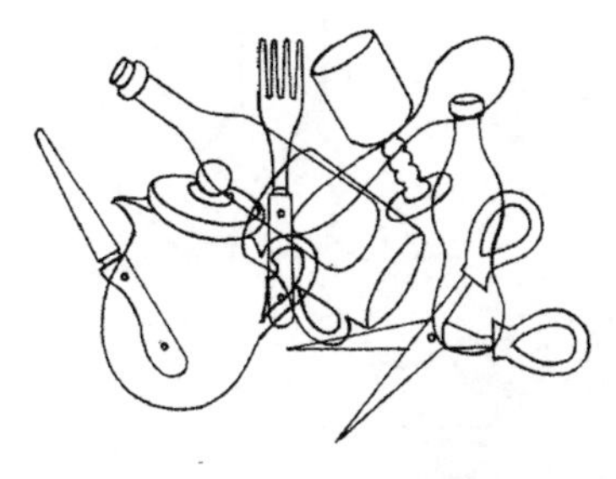

联想失认症患者能够准确地描述或绘制所看到的场景和物体，但存在识别上的障碍。患者不知道手套或叉子是什么、怎么用，却有可能知道物体所属的上级类别（衣服或餐具）。此外，患者还能将真实的物体与想象区分开来。

面孔失认症患者在识别熟悉面孔方面存在障碍，通常连自己的脸都认不出来，但患者依然能够识别声音。患者能描述看到的面孔，甚至能够“读出”脸上的表情，却认不出眼前的人是谁。似乎下处理流（低通路）与产生熟悉情感的边缘系统之间的联系断开了。

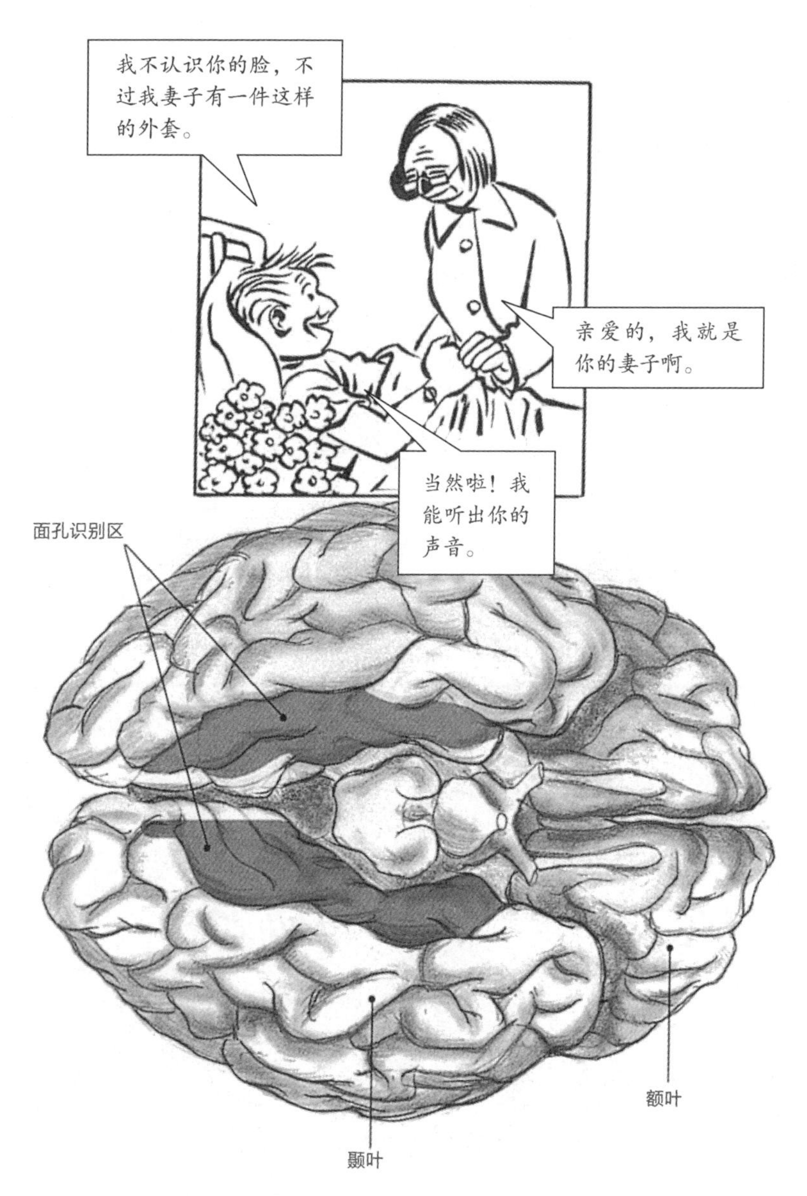


虽然面孔失认症患者不能有意识地识别熟悉的面孔，但是他们看到熟人时，肢体反应是正常的（如出汗增加）。

而且，当要求患者学习将他们认识的名人名字与人脸配对时，如果人名与脸对应正确，那么患者学习配对的速度就更快。

艾伯特·爱因斯坦
（Albert Einstein）

迭戈·马拉多纳
（Diego Maradona）

这些结果表明，可能患者的上视觉通路依然有情绪识别与身份识别的能力。只不过这两种识别能力与有意识的视觉体验断开了联系。这种联系的偶然断开可能会导致两种在颞叶癫痫发作期间常见的病症：熟悉却不认识（déjà vu）以及认识却不熟悉（jamais vu）。

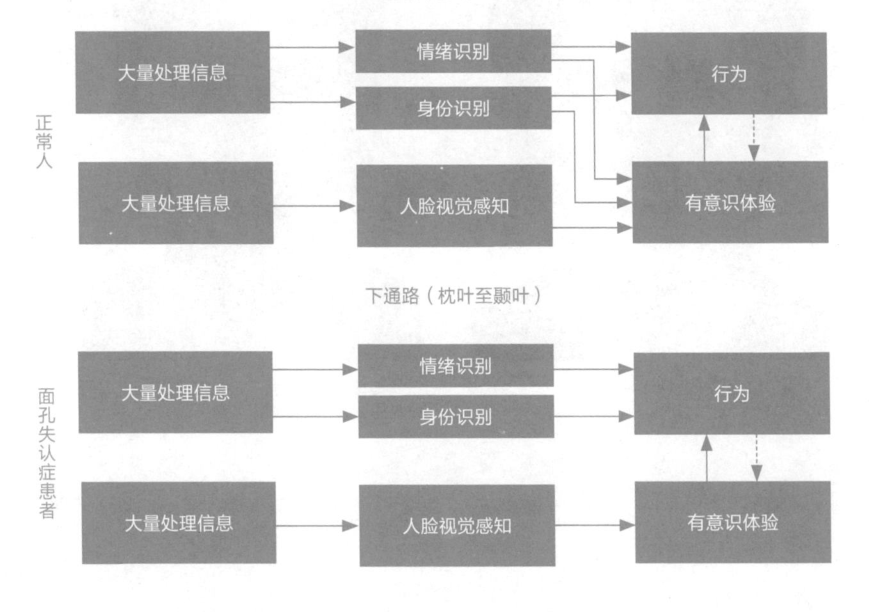

## 识别测试

右颞叶受损更容易导致面孔失认症。以下“分脸”实验能让我们更好地认识到大脑右半球在人脸识别中发挥的重要作用。

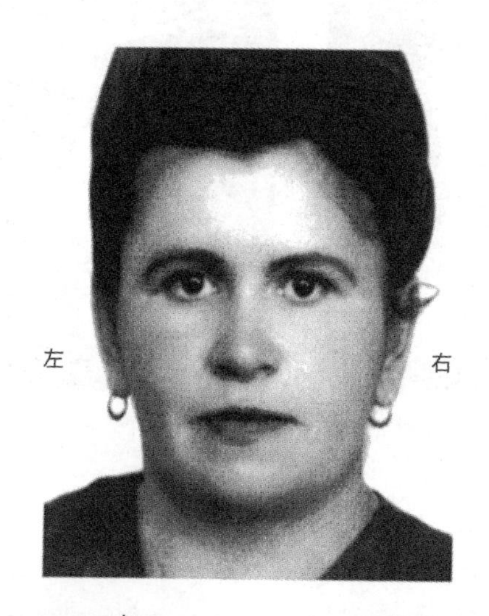


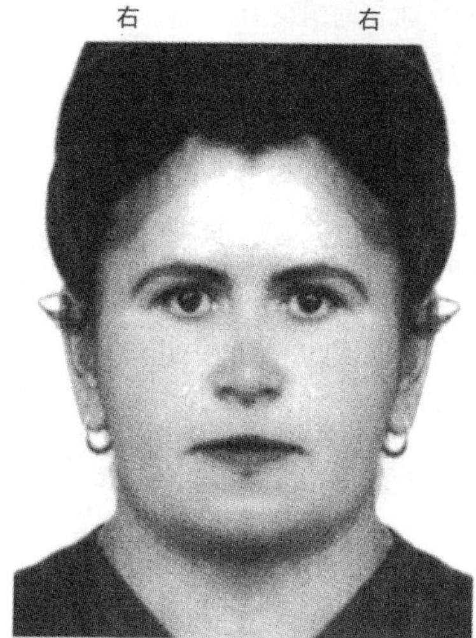


“我是由上图中两张右脸组成的。”

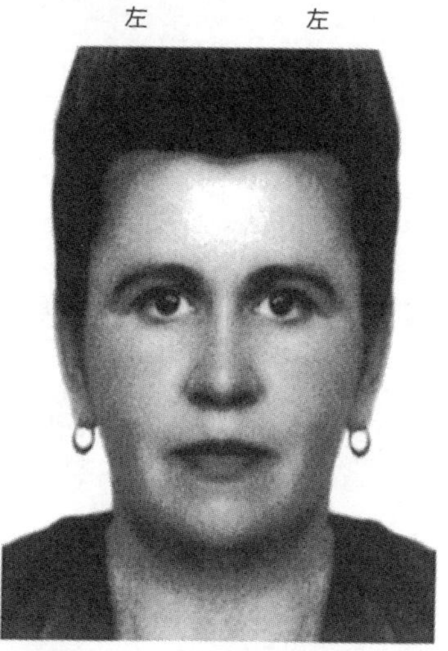


“我是由上图中两张左脸组成的——人们都说我看起来更像她。”

这是因为图片左边的脸是由大脑右半球识别的，而右脑比左脑在人脸识别中发挥的作用更大。

## 中间视觉通路：相对空间位置

从枕叶到颞上沟的中间视觉通路是人们最近才发现的。现在我们对这条通路的了解还不多，但它可能在感知物体的相对空间位置方面发挥作用。图像组合失认症可能是由于这条通路受损引起的，因为如果患者只能一次看到一个物体，那么就不可能判断物体的相对位置。许多图像组合失认症患者存在“路线寻找”方面的障碍证明了这一点。

如果我们闭上眼睛靠记忆认路，那么效果反而更好。

## 上视觉通路：顶叶损伤的影响

对猴子大脑的研究表明，后顶叶有许多细胞只有在够取物体时才会放电。这些细胞能够编码对物体采取行动所需的信息而不是感知物体。例如，要拿起一本书，你需要“知道”（不一定是有意识的）这本书与你自己的相对位置以及它的大小、形状和可能的重量。

顶叶受损的巴林特氏综合征患者可以准确识别物体（通过下通路），却不能准确地够取物体。此类患者在尝试拾取物体时，拇指与食指间的距离往往不太适当。

当要求患者把手伸进一个插口中时，虽然他们能够准确地说出插口是怎样倾斜的，却不能把手腕转到合适的角度。

低视觉通路负责有意识的视觉感知。上视觉通路负责由视觉引导的行动，这在很大程度上是无意识的。这两条路径相互连接，连接中介可能是边缘皮层及鼻腔皮层。但某个形状失认症个例证明，这两条通路是可以独立工作的。

这个女人可以看到闪烁的光，也能精准区分颜色。她可以通过触摸轻易地识别木制字母，却完全不能通过视觉来识别。尽管如此，她并不会撞到其他东西上，也能够抓住抛向她的球和棍子。她会伸手抓取物品，也能把手握到合适的尺寸。

要求她把一张“明信片”倾斜到与投件口相同的角度时，她怎么都做不到。

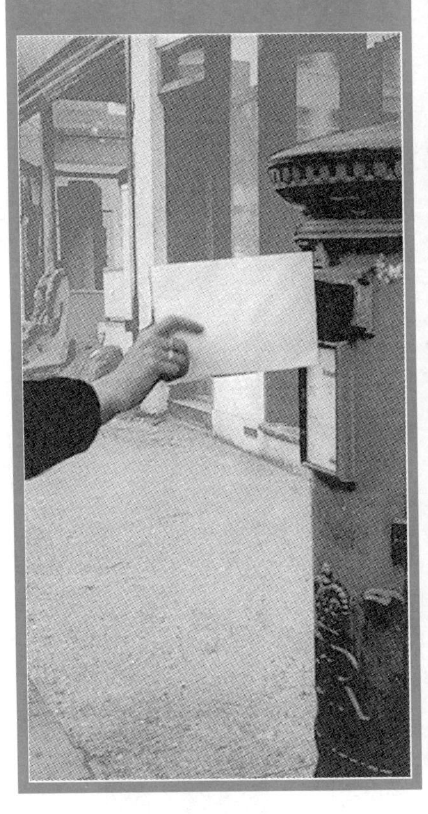

然而矛盾的是，要求她把卡片放到投件口里时，她很正常地完成了任务，手腕也能调整到合适的角度。

这表明上通路能够独立控制不经意的行为。然而，要有意识地将见到的东西表现出来时，两个完整通路之间的合作就非常重要了。

对于视觉感知与思维的关系，我们所知有限，这里只是展示了其中的一小部分。事实证明，视觉系统运转方式十分复杂，令人称奇。

## 思维空间

顶叶受损，尤其是右侧顶叶受损会导致患者在许多空间辨识能力测试中表现不佳。裂脑的案例最能证明右脑在空间辨识方面发挥着重要作用。裂脑患者都饱受重度癫痫之苦，痉挛从大脑的一侧开始，通过2亿个胼胝体纤维扩散到大脑的另一侧。

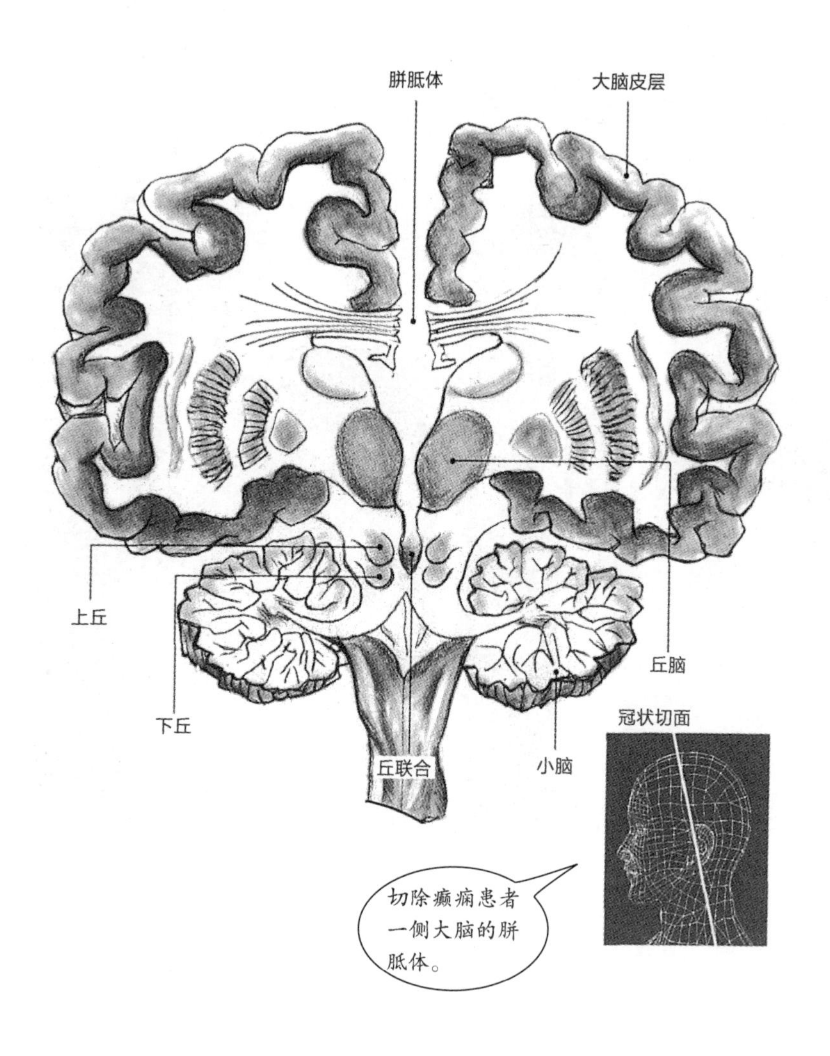


令人惊讶的是，手术后患者的日常行为基本不会受到影响，而癫痫发作的频率和严重程度却大大降低。

还有一个非常奇怪的发现是，手术之后，患者画画时虽然两只手的表现都不如以前，但是原来惯用右手的人用左手画得比右手还要好了。这是因为左手由右脑控制，右手由左脑控制。在完整的大脑中，两个大脑半球通过胼胝体共享各种能力和知识，所以两个大脑半球都有助于右手的运动。

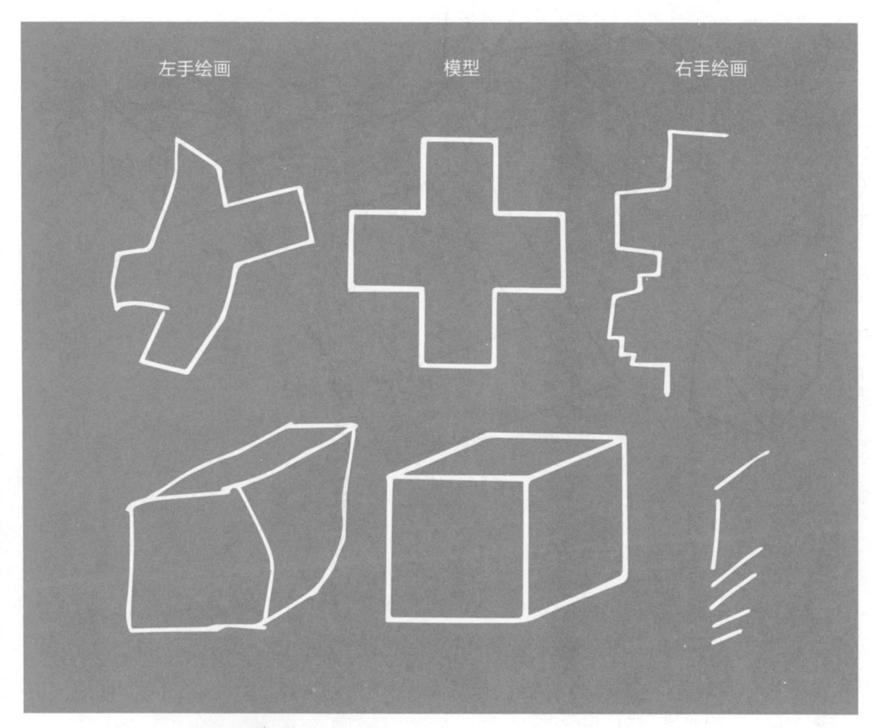

左手绘画
模型
右手绘画

然而，裂脑患者做完手术后，右脑的空间识别能力只能通过技能较差的左手来体现了。

右脑在空间识别能力上的优越性在以下的测试中也能得到体现：要求患者用有颜色的积木搭成一个固定的图形，裂脑患者用右手比左手搭得更快更准确。

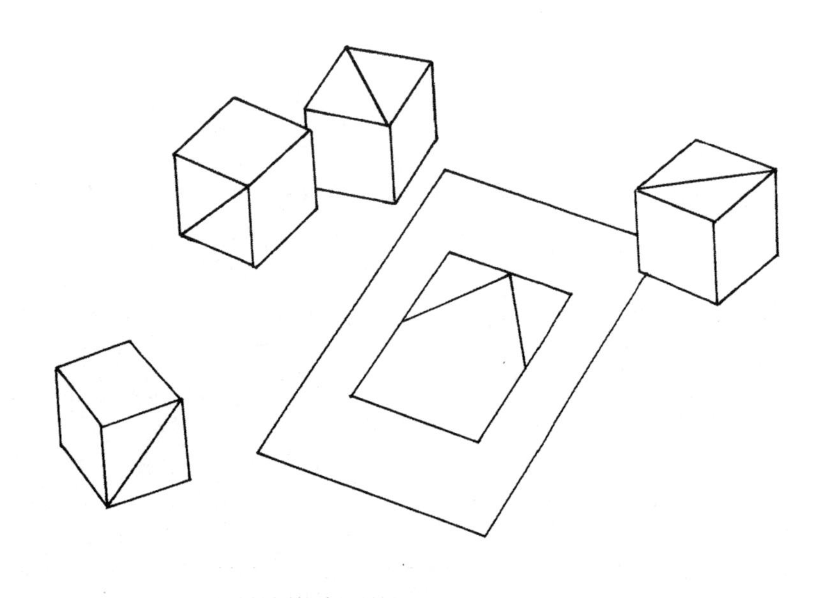

同样，右脑受损患者在这项测试中的表现比左脑受损患者要差。这可能是由被称为左侧空间忽视症的空间识别障碍造成的。左侧空间忽视症通常是右脑受损，尤其是右侧顶叶受损后出现。（左脑受损也会造成右侧空间忽视症，但不太常见。）

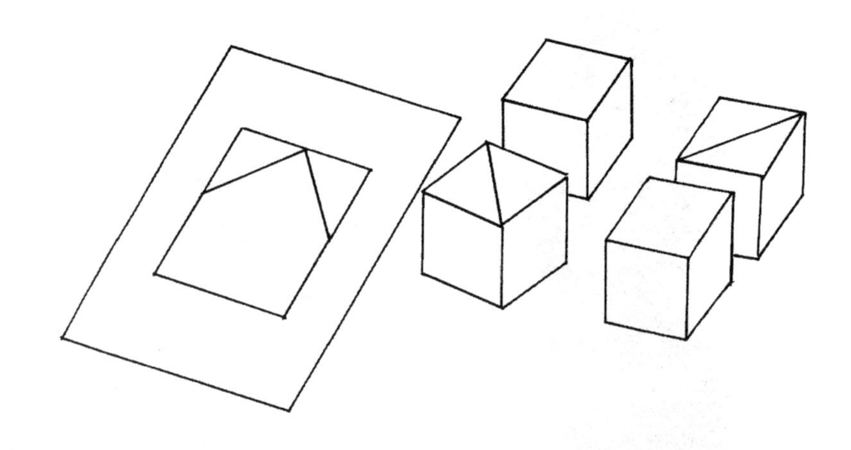

左侧忽视症患者可能不会给自己的左侧身体穿衣服，或者不吃盘子左侧的食物。躺在床上的时候，左侧忽视症患者可能会不断向右翻身，如果床没有安装侧栏的话，他可能会翻到床下去。

在标准诊断测试中，参与者需要擦除页面上所有的线条，而左侧忽视症患者会漏掉许多左侧的线条。

## 视觉、运动与想象空间

忽视症患者并不是看不到空间的左侧，他们也能够辨认左侧空间中闪动的字母。但通常来说，他们会忽略左侧空间。这是因为他们很难关注到左侧还是因为他们不能轻易向左侧运动呢？擦除线条的实验既要求他们关注左侧，也要求他们向左侧运动，结果表明他们在这两方面都存在问题，即患者在视觉空间与运动空间方面都存在忽视的现象。这似乎非常复杂，而事实比这还要复杂。

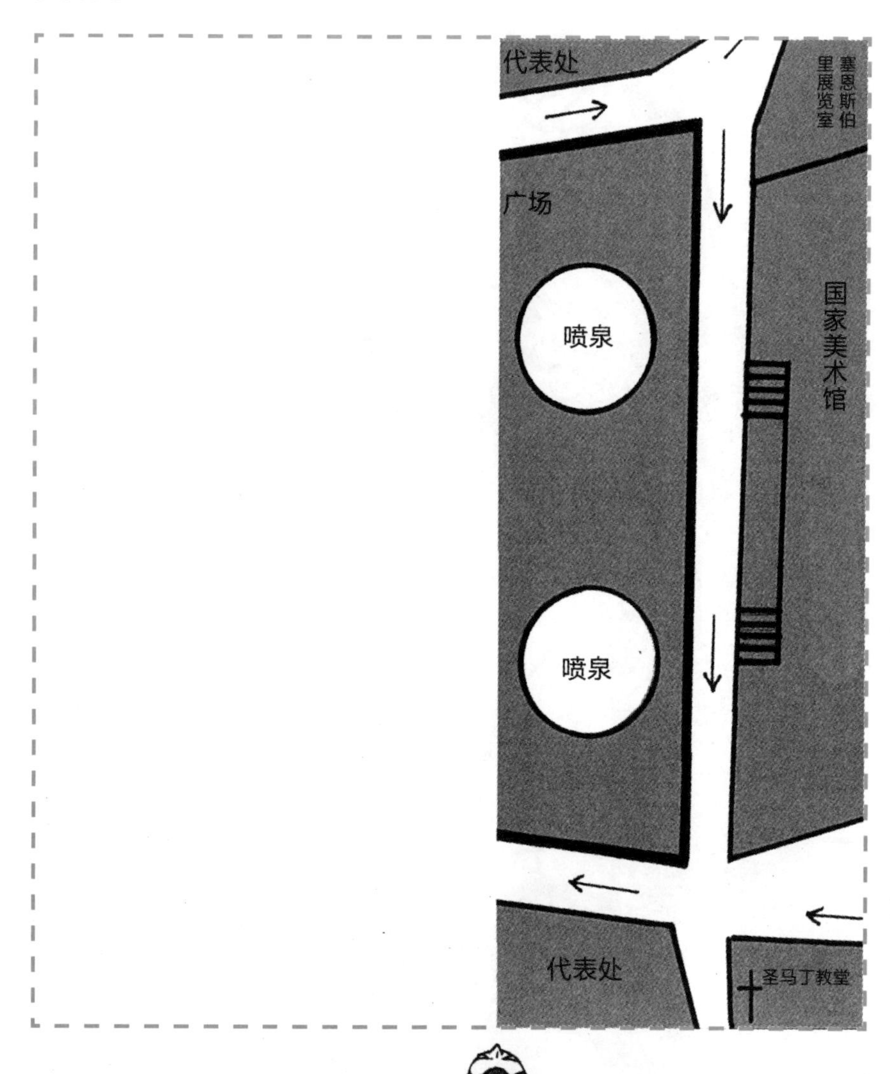

如果要求忽视症患者凭记忆描述或绘制特拉法加尔广场，他在描述中根本不会提到广场的左侧。而如果让患者换个位置从刚才观察的对面再次观察并描述所见的广场，那么他还会只描述他右侧的图画，即他会描述之前忽略的所有细节，可又漏掉了之前描述的所有细节。因此，忽视症不仅是知觉与运动空间方面的，还是想象空间方面的。

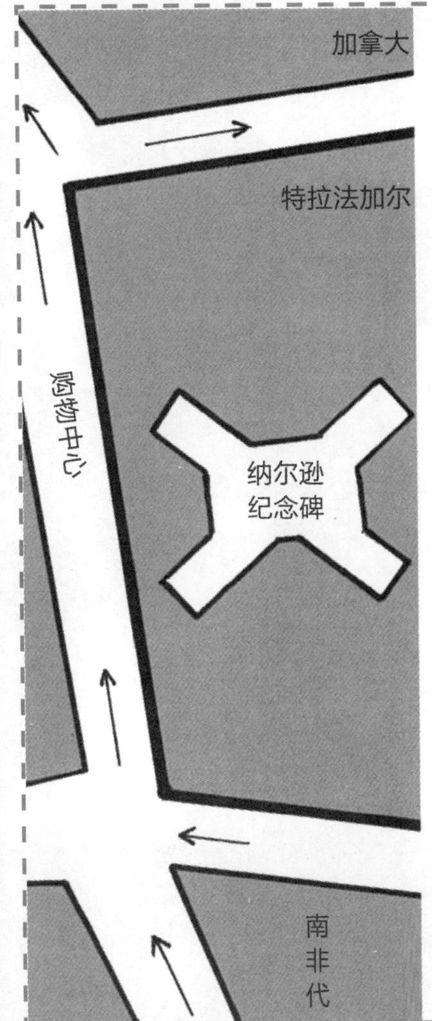

## 空间表述

右脑，尤其是右顶叶似乎专门负责构建对空间的表述。在要求左侧忽视症患者构建不同表述方法的所有实验中，患者都表现出左侧忽视的现象。

人们使用多种（通常是无意识的）空间表述方式。

够取物体时，我们需要知道物体与我们的相对位置——以自我为中心的空间表述方式。

在两个对象之间行走时，我们需要了解它们与另一个对象的相对位置——不以自我为中心（客体）的空间表述方式。

图书馆
糖果店
邮局
家

另一种空间表述方式被称为认知图。

这指的是地点和物体的布局以及之间的路线。认知图包括此时不能观察到的位置细节，老鼠等许多动物有这种能力。

认知图与边缘结构中的海马体密切相关。

海马体因形似神话中的海马而得名。

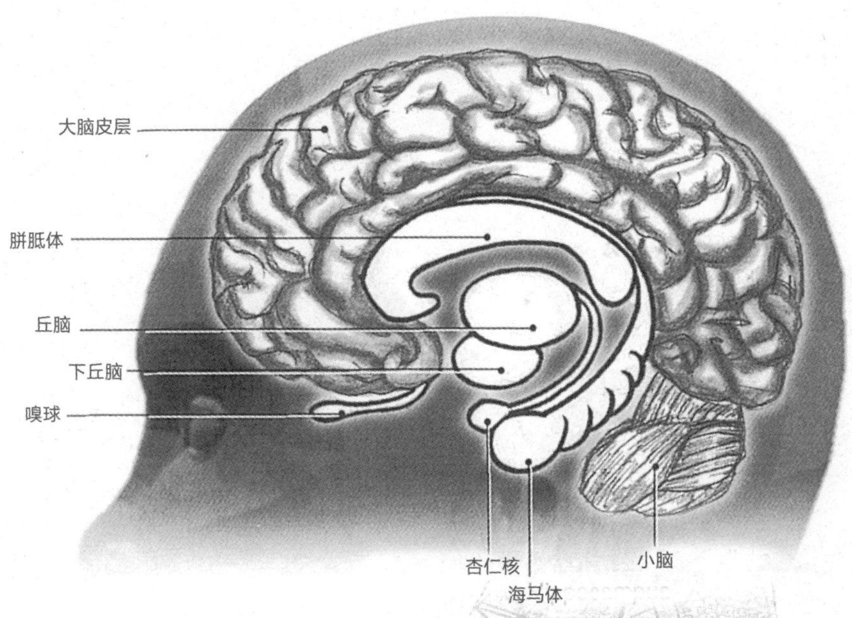


海马体受损的人很难找到方向。如果待在自己家里，他们可以应对熟悉的环境。但如果换一个地方，比如说去了护理中心，他们就可能永远迷失方向。

有些人甚至会丧失他们早年建立的认知图，连在自己家里都很难从一个房间走到另一个房间。

显然，关于思维与大脑处理空间信息的方式，我们要学习的还很多。

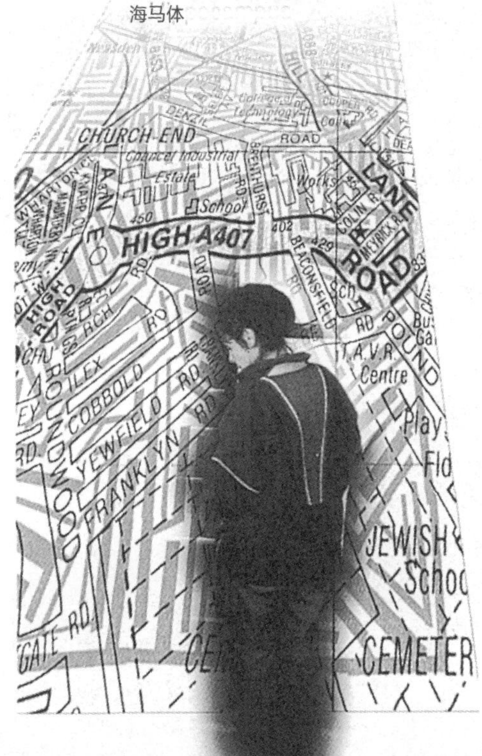

## 注意力与心灵

现代对注意力的研究表明，如果将思维在心理空间的活动与身体在物理空间的活动相比，内部世界与外部世界存在着很大的相似之处。

一些动物会调整感觉器官进行定位而不需要全身运动。狗会竖起耳朵寻找声源，许多动物会移动视线注视周围环境的变化。

对人类以及一些灵长类动物而言，注意力可以是纯粹的心理活动。我们可以眼睛盯着一个地方，注意力却在别处。

我们欺骗的本领可能就源于此，将思维放到有选择的记忆以及未来可能的情况上也是如此。

## 注意力测试

提示实验展示了注意力和目光焦点分离的状态。假如你盯着显示器中间的方块，方块上可能快速闪过指示方向的提示（<或>），也可能出现中性的提示（+）。

然后目标方块会闪向中心方块的左边或右边，而你必须尽快按下反应按钮。

当方向性指示与目标方块实际的移动方向一致时（有效提示），参与者的反应速度比看到中性提示时要快。

换句话说，提示将参与者的注意力转移到了目标随后出现的地方，因此反应速度更快。相反，如果提示指向错误的方向（无效提示），那么参与者的反应速度比看到中性提示时要慢。这些事情发生得太快，眼球运动的速度根本就跟不上，因此上述实验效果的实现依赖于内部注意力的移动。

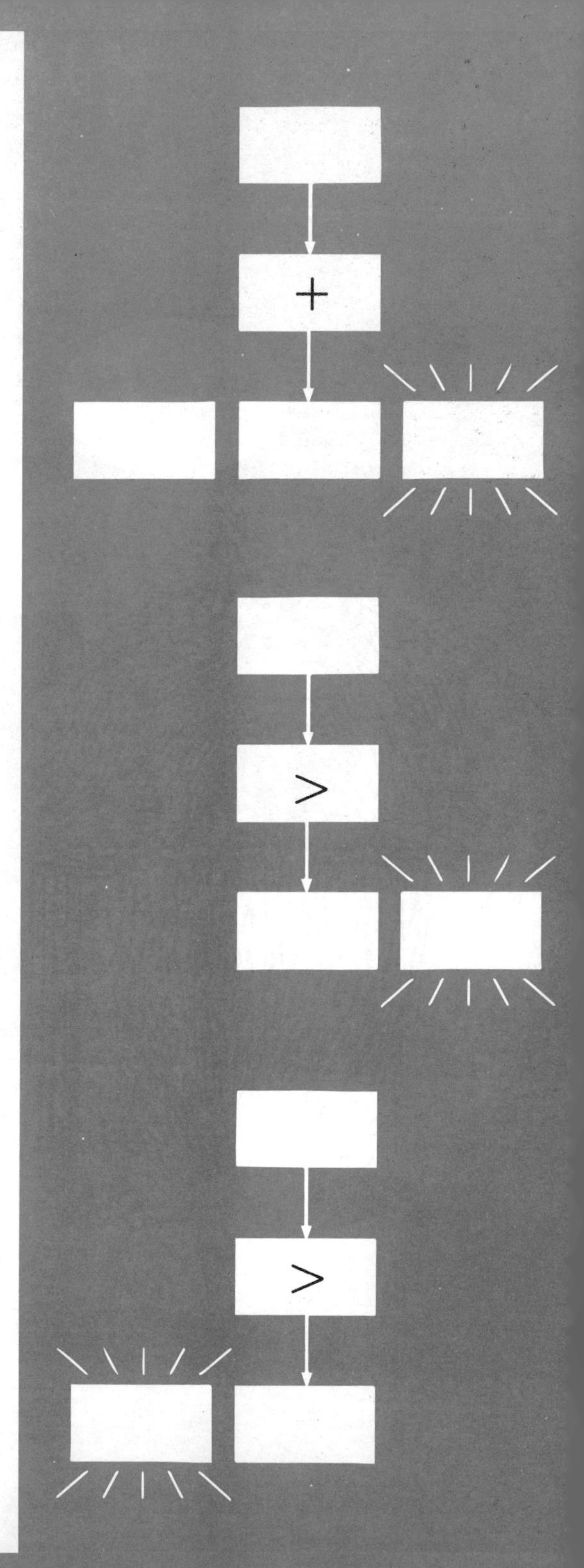

## 注意力网络

大脑各区域组成的网络（顶叶、枕叶、上丘）似乎能够调节空间注意力。大脑成像显示，空间注意力转移时，顶叶活动增加，而顶叶后方受损则会影响空间注意力的转移。

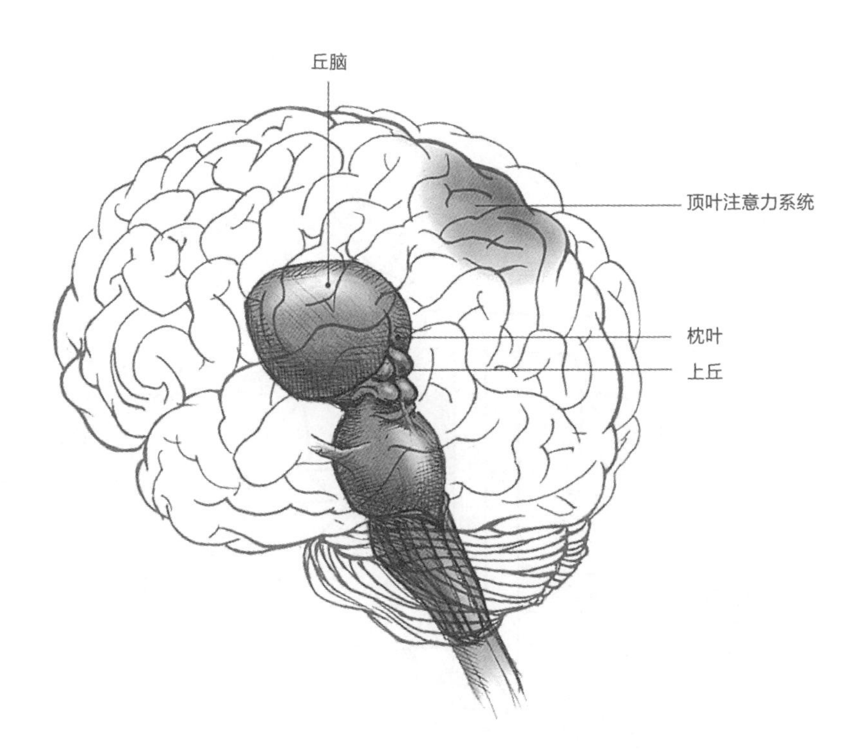


我们可以把注意某个物体看成是抓取物体的心理活动。到目前为止，我们考虑的只有够向物体的动作，或者说空间因素，但还有一个抓的动作也值得考虑。当手到达目标物体时，我们发现手已经形成了适合抓取物体的形状。这种成型准备是一种无意识行为，受上视觉通路控制。

## 心理上对物体的把握

通过无意识的活动，视觉注意力也为思维上对物体的“把握”作了准备。看下面的图形时，你看到的不是一堆杂乱的、没有联系的线和面，而是一个个三维立体图形。

注意力中够和抓的关注分别被称为基于空间的注意和基于对象的注意。将一张纸分成两个部分分别画上线条，通过让左侧忽视症患者擦除线条可以看出上述两种注意的差别。

如果纸上只有一块线条区域，那么患者会忽略左侧空间的所有线条。而如果纸上有两块线条区域，那么患者会擦除左侧区域中右侧的一些线条。同样，在只有一块区域时，他会擦除所有右侧的线条。而如果有两块区域，那么他会忽略一些右侧区域中左侧的线条。

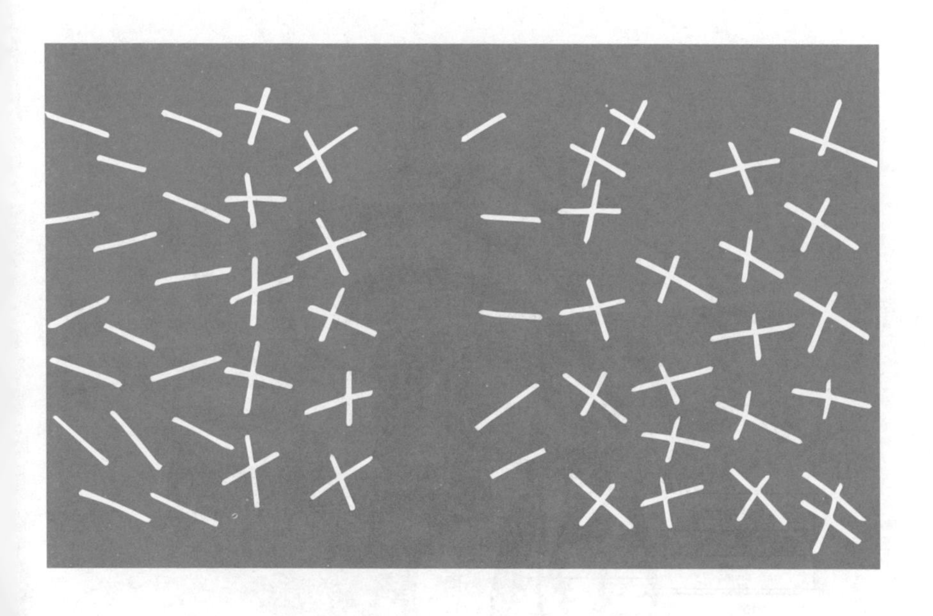

该患者表现出了两种左侧忽视的症状。忽视空间的左侧涉及基于空间的注意，忽视对象的左侧涉及基于对象的注意。（在本例中，线条块是感知对象）这两种忽略都适用于左侧线条块，因此左侧线条块的大部分线都被忽略了。只有基于对象的忽略适用于右侧线条块，所以右侧线条块的大部分线条都被擦除了。

目前，人们认为上视觉通路（枕叶至顶叶）受损会导致基于空间的忽视症，而下视觉通路（枕叶至颞叶）受损则会导致基于对象的忽视症。

## 什么是意识？

“意识”一词有多种含义。我们认为睡觉时是无意识的，但是睡觉时我们在梦中的视觉及情绪体验却明显是有意识的。“意识”的第一个意思是指清醒或觉醒的状态，第二个意思是指感觉与情绪体验。

各种脑干结构在清醒时控制意识。这些脑干结构包括网状结构、脑桥、中缝核和蓝斑。刺激网状结构能让人更清醒，而该结构受损则会导致昏迷。相反，中缝核发生病变会导致失眠。然而，这两种结构的活跃程度通常由蓝斑和脑桥来调节。清醒状态的意识是由一个中心网络来控制的。

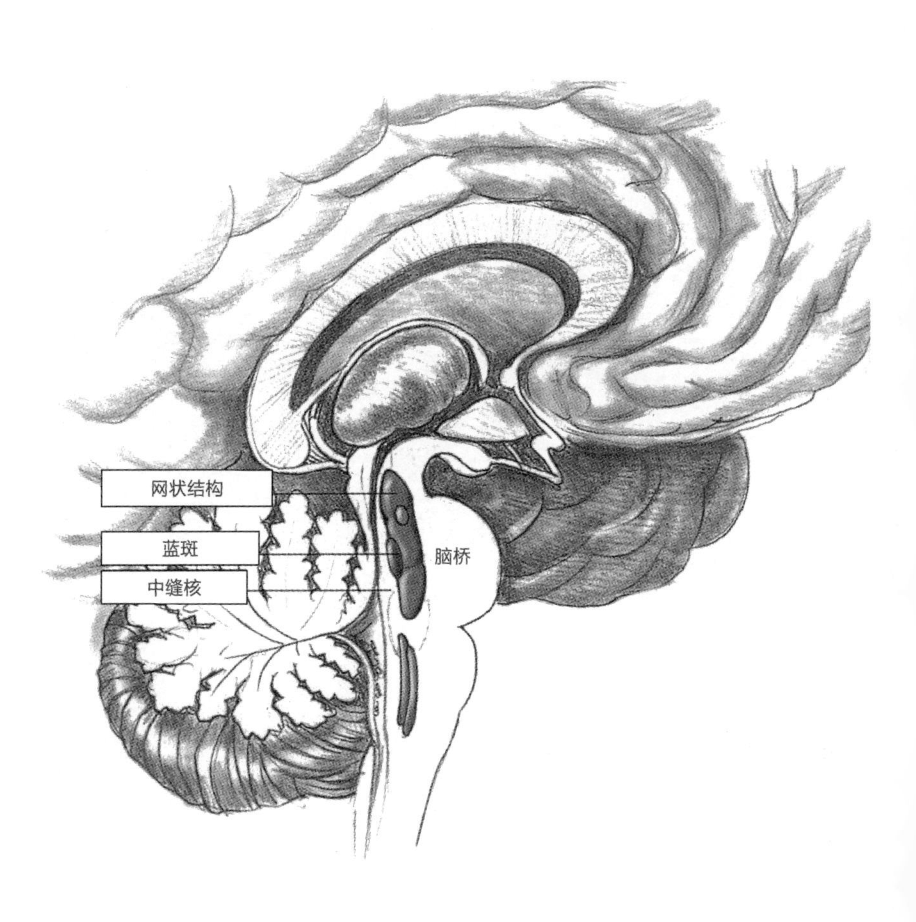

将意识看作感觉体验会让人感到很困惑。视觉区 V1 的特定区域受损会导致视野中出现盲区，即暗点。如果用光照射患者的暗点，患者感觉不到光的存在，而暗点以外的区域则能正常感受到光照。眼睛上的暗点就像眼睛上的盲区一样。

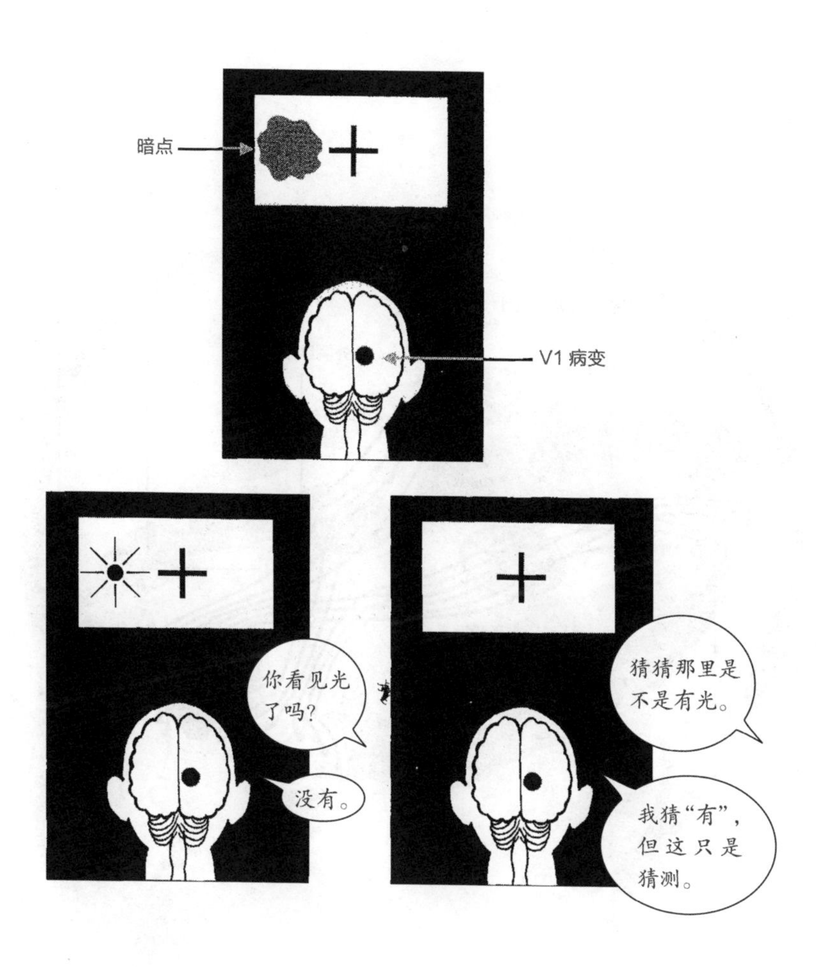


然而，令人惊奇的是，当光闪过暗点时，患者虽然感觉不到，可是他们却能在特殊的实验中准确说出是否有光闪过。告诉他们这一点时，他们会觉得难以置信，需要经过解释，他们才能相信自己有这样的能力。

他们也能全凭猜测区分水平线与垂直线，区分静止物体与移动物体。这种现象被称为盲视。

# 盲 视

一组稀疏的纤维绕过 V1，直接从外侧膝状体核延伸到视觉区域 V4、V5，这是造成盲视的原因之一。我们还不知道这些纤维的具体作用，但可以肯定的是，有意识的视觉体验需要完整的 V1，但一些受视觉控制的行为却并不需要意识的参与。

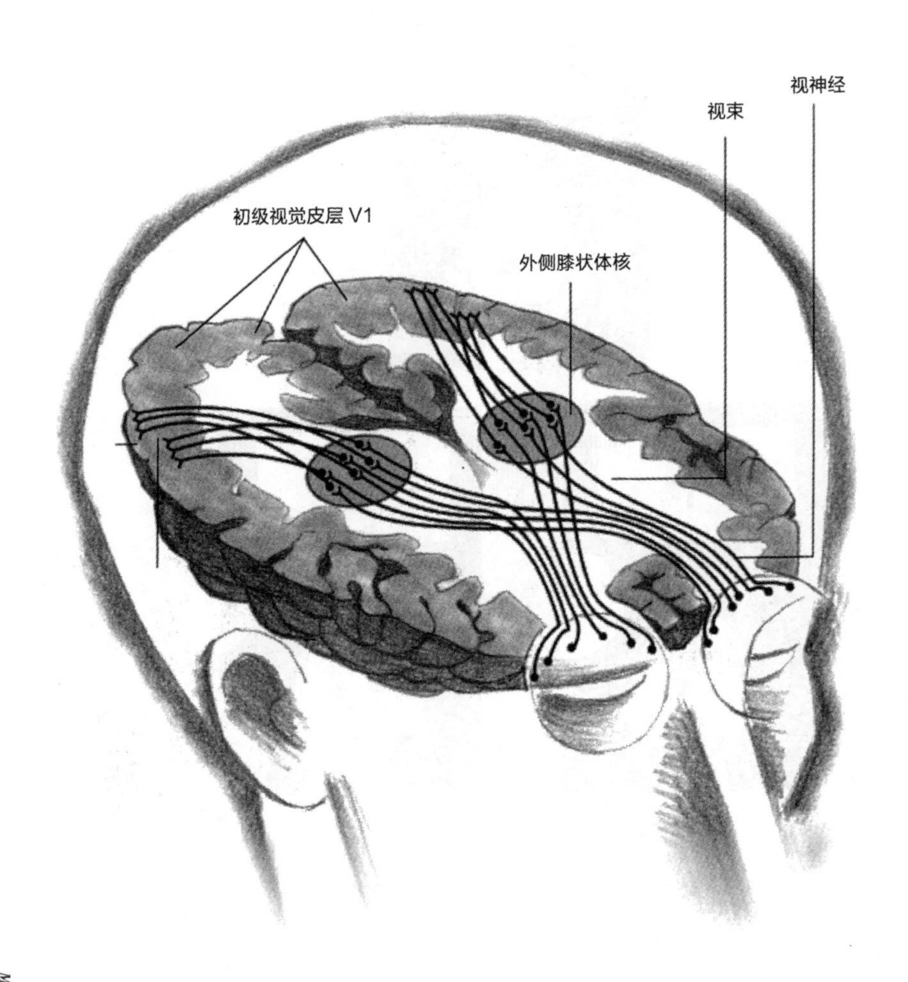

意识提升常见于政治和心理治疗团体中，当要求成员发言时，这些人可能突然有了自我意识。在这两种情况下，“意识”指的似乎是我们的思想内容。当我们意识到遭受压迫时，意识就提高了。当意识的焦点从他人转到我们自己时，自我意识就出现了。

## 工作记忆

意识是指我们思想的内容，也就是我们现在“所想”的东西，人们经常以工作记忆为题对此进行研究。

3.658
1.416
6.729
11.803
11.803
2 608
307
14.718
213
6.028
126
6.367
21.085
你通过工作记忆在大脑中将账单汇总并得出结果。
或是记住你在一句话或一场争论中说到哪儿了。


工作记忆简单地存储、处理计划和执行任务所需的信息。它分为三个部分，其中最重要的是中枢执行系统，即决策者，其他系统都要听命于它。

或者在下棋和做饭之间来回切换——对两项任务中每一项的关注时间都不会过长。

视觉空间系统代表有限的空间关系信息。

当不能成套组装物品时，你会用到它。

听觉系统能让你在听到一些单词时对其重新排列，以形成更易理解的短语，或者想出单词的含义。

比如说在你阅读法律、官方文件或本书中的某些段落时。

近年来，大脑图像、病变研究以及电极记录显示：

- 左脑的各个区域参与语言工作记忆任务；
- 右脑的各个区域参与空间工作记忆任务。

而在执行这些任务时，额叶皮层也处于活跃状态。

## 第 46 区的中枢执行系统

不同的额叶皮层区参与完成不同的任务，但是有一块区域却似乎参与了所有任务。第 46 区是中枢执行系统的最佳候选区域。

整个大脑皮层的工作记忆图。

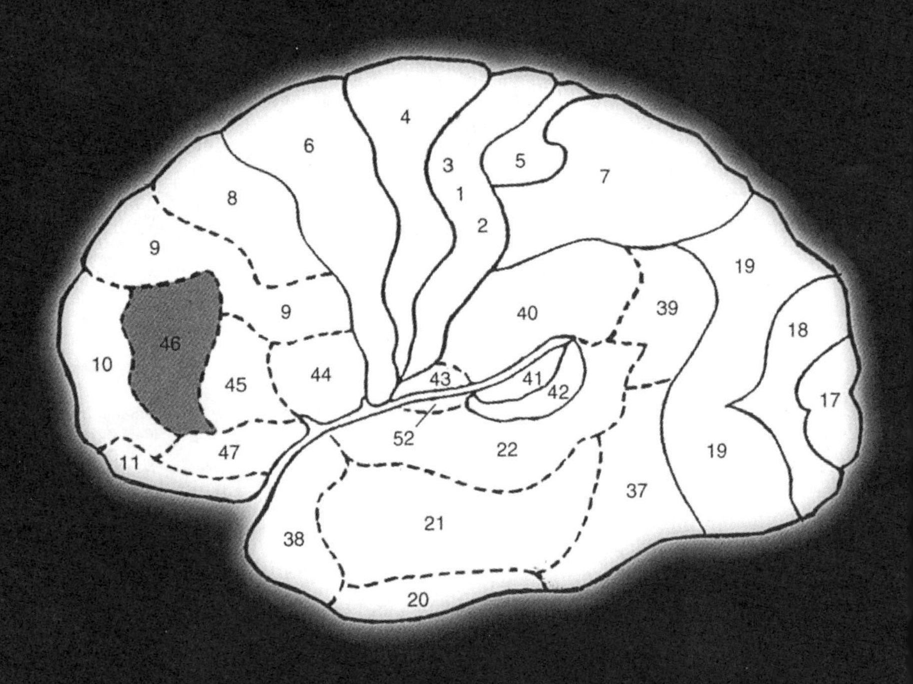


在协调思想以及各项任务转换中，第 46 区可能发挥着至关重要的作用。但是，意识的具体内容还取决于哪个大脑的哪片区域在负责当下的任务。

换言之，当“意识”指你“脑中所想”时，所涉及的并不是某一个单独的区域。

每个脑半球的额叶皮层都有自己的第 46 区，因此裂脑可以（或者看起来）拥有双重意识。

假设两个图片同时闪过，每个图片对应不同的脑半球。如果让裂脑患者说出自己看到了什么，负责语言的左半球会说“苹果”。这是视觉区域、语言区域以及大脑左半球的第 46 区同时作用给出的回应。然而，如果要求患者用左手写出他看到了什么，他会写“勺子”。这是视觉区域、运动控制区域与大脑右半球的第 46 区共同合作的结果。

## 叙事意识

如果要求裂脑患者对他的两个回应作出解释，负责语言的左脑就会面临一个问题。他不明白为什么右脑会让左手写下“勺子”。为了避免尴尬，他会自己编造一个解释，即设想出一个想象中的经历。

为什么你说的是苹果但写的却是勺子？

我看到的是一个苹果，然后我就想需要用勺子来吃苹果。

这个例子为我们展示了叙事意识，我们每个人都会不断地排练、修改并讲述自己的故事。

## 自由意志与额叶

在手术过程中，彭菲尔德（Penfield）在患者有意识的情况下刺激其大脑运动皮层，患者表示受刺激后自己的肢体运动是自发的，并非出于自己的意志。

运动皮层位于额叶（FLs）背面，其作用是启动由皮层引起的运动而不是启动由皮层下或脊髓引起的运动（见运动相关章节）。但彭菲尔德的病人们有力地证明了这些运动并非出于自由意志。

## 响应式运动

运动皮层前面是前运动皮层和补充皮层。这些区域能够对运动皮层将要执行的运动作出选择。

前运动皮层选择在外部刺激作用下做出的动作。

比如说听到电话铃响时你会从座位上起身，或者根据电话簿键入电话号码。

补充皮层选择在内部刺激作用下做出的动作。

比如说感觉不舒服时你会从座位上起身，或者根据记忆键入电话号码。
补充运动皮层
前运动皮层
4
6
9
46
前额叶皮层

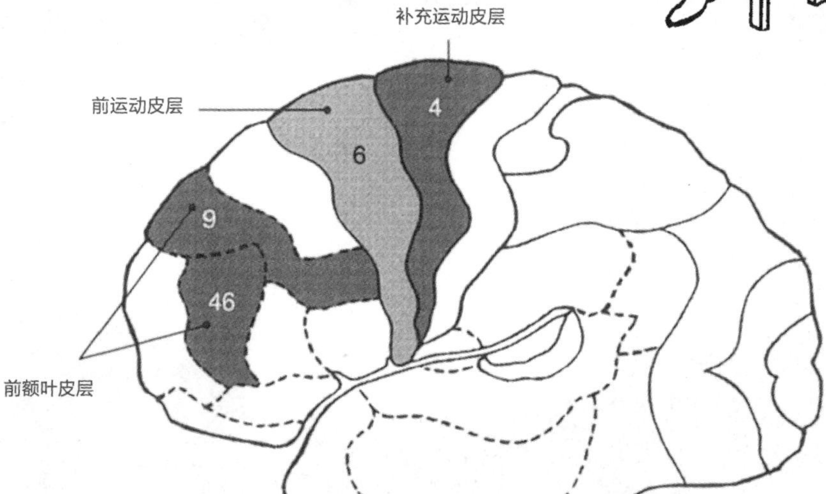

前运动皮层和补充皮层再往前是前额叶皮层。这个区域有许多传入传出的连接通路，顶叶与颞叶上下视觉通路的终端都位于这个区域。

## 额叶受损造成的影响

前额叶皮层包含第 46 区，要具体说出前额叶皮层的作用并不容易。其功能包括按时间顺序为行为和记忆排序。如果前额叶受损的人模仿别人做出一系列动作，他们的动作是对的，顺序却是错的。

他们还有持续症( 过度重复 )或行为僵化等症状。例如，在物体用途测试中，要求参与者说出特定物体的不同用途。

左脑受损的人会觉得这个测试特别难，他们会重复给出物体最常见的用途。

他们总是不由自主地给出最常见的答案，却想不起不太常见的用法。

## 额叶受损与不当行为

在某种环境下，患者可能会不由自主地做出不恰当的行为。额叶受损的人对看到的事物会作出刻板反应，不管当下的社会环境是否合适。比如说看到牙刷，他们就会拿起来刷牙，不管牙刷是不是自己的，也不管自己是不是在洗漱间。

到别人家里时，他会像在画展上一样仔细端详墙上的画，兀自评论并给画定价。

当被指出其行为不当时，患者会觉得很困惑，或者为自己的行为编造理由。

由于受环境影响太大，额叶受损者在制订、执行计划方面往往存在很大困难。思想和行动的列车会被不相关的事物带得偏离轨道（精神分裂症患者也有这样的症状）。如果回忆需要策略，那么患者也会遇到问题，如在回答律师的提问时，患者的一般反应是……

额叶受损患者也缺乏主动性，情感上对自己和他人都很冷漠，而这种情况下患者的智力却可能并不受影响。他们可以对事实或理论问题作出合理的回应，但从不主动开始谈话或贡献信息。

## 什么是自由意志?

灵长类动物的额叶区域较大，人类更是如此。我们已经知道额叶的功能包括制订计划、抑制不适宜的行为，但是备受推崇的意志产生于额叶区吗?

威廉·詹姆斯(William James，1842—1910)认为自由意志感包括两个方面：一是意识到目标形象；二是意识到渴望实现目标。在此基础上，我们还要再加一点，即知道如何实现目标。

知道如何实现目标包括能够制订、执行计划，避免分心。额叶，尤其是前额叶皮层在这些功能方面显然发挥着重要作用。一些额叶受损者的惰性表明，额叶在有意识的欲望方面也发挥着重要作用。然而，在有意识地设置目标方面，额叶发挥的作用则小了很多。

目标视觉图像出现在下视觉通路的枕叶至颞叶区。实现目标的运动图像则出现在上视觉通路的顶叶至额叶区。

我们也已经意识到自主行动以自我指示为基础，涉及左颞叶及左额叶的语言区。

显然，意志行为是许多大脑区域共同作用的结果。

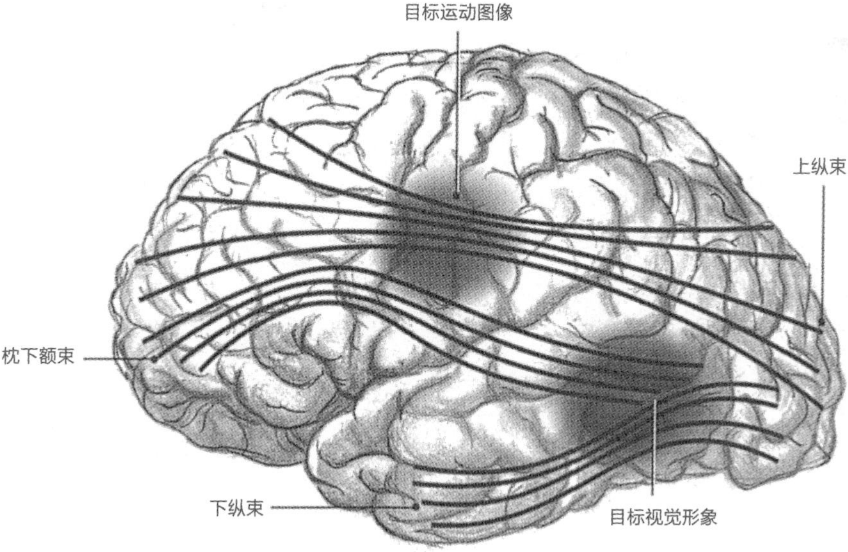

目标运动图像

上纵束

枕下额束

下纵束

目标视觉形象

提到自由意志，我们或许可以读读荷马的作品。

奥德修斯从特洛伊返航途中，非常想听海中女妖赛壬的歌声，但她们的歌声会引诱水手把船开到礁石上。奥德修斯让同伴把自己绑到船的桅杆上，又让其他人用蜡堵上耳朵。水手们既听不到女妖的歌声，又听不到船长的祈求，安全通过了因为赛壬栖居从而导致船只触礁率极高的海域。

威利·奥德修斯认识到在面对强大的诱惑时，额叶不足以控制自己的行为。因此他让同伴把自己绑起来，这样就能恣意体验赛壬的美妙歌声了。

# 自 我

自我意识由许多部分组成。

社会自我是一个人所属的群体之和。

男孩、英国人、足球迷。
女孩、基督徒、背包客。
上面写着：他是一个强大的猎人、一名勇敢的探险家、一位英勇的战争领袖、一位举世闻名的政治家、一个令母亲失望的人。

人与人之间的情感自我是在人际关系中形成的。

这两种自我都超出了神经心理学研究的范围。

然而，从神经心理学角度来说，认知或叙事自我为我们提供了更为坚实的基础。

当裂脑患者负责说话的左脑解释左右半脑共同控制的行为时，患者会为自己的行为编造一个情景，而我们通常也会这么做。

每个人都需要解释自己的行为，尽管有许多行为我们自己也不清楚。根据自己所处的文化，我们会用能够被接受的方式来解释自己的行为。

他们被两个人人都认识的词语禁锢住了：我的名字和我。

叙事自我位于左脑的语言区以及其他和语言相关的大脑皮层及皮层下区域，对情景记忆有很强的依赖。自传体记忆遍布大脑，与叙事自我相关的大脑区域也很广泛。

## 迷失自我

显然，健忘症患者的叙事自我受到了损伤。他们能够记起 20 年前发生的事，却不记得5分钟前的事，健忘症患者的叙事自我停留在了大脑受伤的时候。像额叶受损的人一样，健忘症患者也会努力让周围反常和矛盾的现象显得合理，从而导致虚构症。

以下例子中，健忘症患者身在医院病房，却认为自己仍在药房工作。

虚构症即尝试维持并更新叙事自我。

身体自我（或本体感受自我：参见运动章节）也需要大脑中不同的部位共同合作来实现。这些大脑部位包括感觉皮层、丘脑和小脑。身体自我大体上是无意识的，只有在丧失本体感受时我们才能感觉得到。对我们大多数人来说，在牙医处打针或者出现“睡眠腿动”时感觉到的就是身体自我。对永久丧失本体感受的人而言，其自我丧失是毁灭性的。

这种损失是无法用言语来表达的，但风吹过皮肤时这个女人可以感受到的喜悦却能清楚地说明这一点。她虽然失去了本体感觉，但她的皮肤仍然能够感受到温度、疼痛以及最重要的触摸。

## 否认功能丧失

右侧感觉皮层与中脑和前部区域是彼此相连的，当中风或肿瘤导致这些连接遭到破坏以后，有些人会出现身体自我的部分丧失。疾病失认症患者会否认自己左侧身体瘫痪，即便身体瘫痪，患者也感觉不到任何痛苦。

即使不得不反复面对自己身体有缺陷的事实，失认症患者也只会暂时承认这一点。充其量，他们可能承认以前在运动中身体出现过问题，但他们否认问题一直存在。

## 自我的消失

动物自我是个体的基本生物学概念，它能够区分自我和非自我。而迷幻药发挥作用时，却能够打破或大大削弱自我与非自我之间的界限。找出药物在大脑中起作用的位置可能有助于我们确定动物自我所处的位置。

迷幻药起作用的部位之一是蓝斑，它由脑干中的一簇神经元组成，负责过滤并整合输入的感觉信息。迷幻物质能够改变蓝斑的活性。然而，迷幻药能够对多种结构发挥作用，特别是血清素通路，所以很可能动物自我也并不固定在某一特定区域。

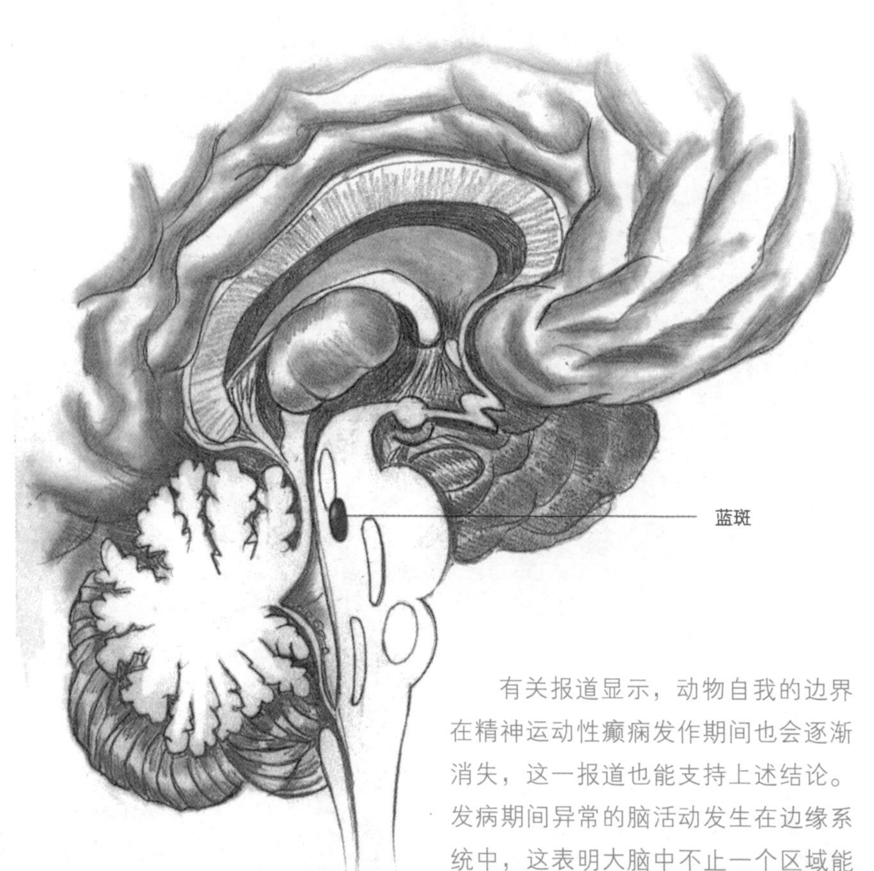


有关报道显示，动物自我的边界在精神运动性癫痫发作期间也会逐渐消失，这一报道也能支持上述结论。发病期间异常的脑活动发生在边缘系统中，这表明大脑中不止一个区域能导致动物自我的丧失。与其他自我一样，动物自我的实现也需要大脑中多个区域共同发挥作用。

## 超验感

精神运动性癫痫患者和迷幻药使用者不仅会感觉所有事物都是统一的，他们还更容易产生成就、胜利和兴奋的“欢庆”（如庆贺）之感。两者都会有一种确定感，比如说“事情就是这样，也就应该是这样的”。然而，这些感觉虽然非常确定，却不依附于任何特定事物。感觉是自由流动的。

你们这些健康人根本无法想象我们癫痫病患者在康复之前所感受到的狂喜。

癫痫患者很多时候会欣喜若狂，著名俄罗斯小说家费奥多尔·陀思妥耶夫斯基（Feodor Dostoyevsky，1821—1981）便是一个例子。他们充满了超验和祝福之感，能够强烈感受到生存的荣耀。

## 替代知觉

纵观历史，无论在哪种文化中，都有一些癫痫患者和迷幻药使用者认为这些经历是非常美好的体验。

这个框架只提及了脑回路的神经化学和电生理学。神经系统科学对正常体验的现象学及意义没有作出解释，对异常体验的这些方面也没有作出解释。

## 理智：信仰与病理学

17 世纪曾有一些人被判巫术罪，其中一些人的后人患有亨廷顿氏病，其症状包括扭动、抽搐和做鬼脸。纵观历史，癫痫患者也因被指控邪灵附体而饱受迫害。

宗教社会通常会对反常行为作出超自然的解释，而现代社会则偏向于医学病理的诊断，特别是在出现癫痫发作等身体异常的情况时更是如此。然而，如果只出现精神上的异常，例如妄想，现代病理学还不能给出十分清晰的解释。

例如，精神分裂症是大脑中某些多巴胺通路出现了疾病（医学模型）还是在面对无法忍受的环境时个人的一种应对模式（现象学或社会学模型）？两者到底是替代关系还是互补关系，对此很难给出清晰的解释。

以希尔德加德·冯·宾根（Hildegarde von Bingen，1098—1179）为例，以下是她在清醒警觉的状态下“用心灵之眼和内在之耳”看到的幻象。

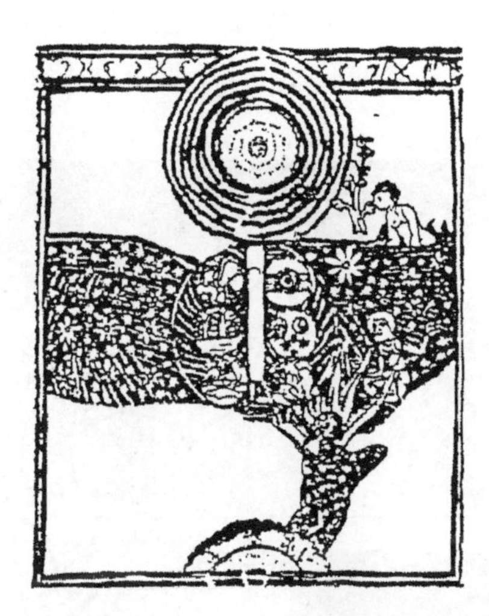

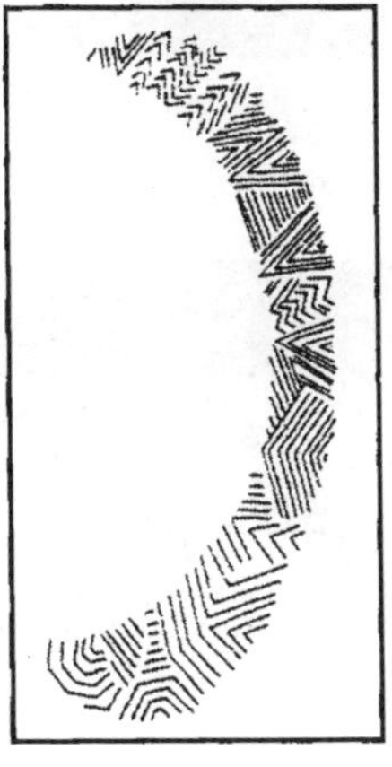

视觉型偏头痛患者典型的城墙妄想

希尔德加德详细画出了她的妄想，她认为这是上帝的旨意。画中呈现出同心圆、类似城墙的图形以及坠落的星星，我们现在称这种病症为“视觉型偏头痛”，是一种轻微的癫痫病。

## 对妄想的解释

神经科学分析了希尔德加德视觉障碍的物理基础。同时，我们还借此案例了解到，在 12 世纪，一个虔诚的女子如何对自己的妄想进行精神上的合理诠释。认知神经精神病学表明，患病时，病人会尝试用妄想信念来解释病理体验。

我们以正常生活中的“妄想”经历为例。我们大多数人都有过这样的经历：坐在火车上，当对面的火车启动时，我们会误以为自己在移动。

这是可以理解的，因为通常只有当我们移动时，才会有大块的周围环境划过我们的视网膜。

接下来，我们看一看精神分裂症患者如何解释他们的“声音”。

## 听声音

在日常生活中，我们或者说我们的大脑，要不断区分自身活动与他人活动所带来的感觉变化。我们知道自己什么时候说话了或者别人什么时候说话了，也能够区分什么想法是来自别人的，什么想法是我们自己想出来的。

在一个实验中，参与者需要带上喉式扬声器和耳机，而妄想精神分裂症患者有时会认为自己说过的话是别人说的。

该实验表明，患者会把自己说的话以及心里想的话都看成听到的“声音”，而出现妄想则是因为患者在试图为自己听到的无形的说话者作出解释。

有人认为精神分裂症患者大脑受损，这导致他们不能区分自己的无声语言（和思想）与外部言语。荷马作品中希腊人听到众神的命令便是一个例子。

## 骗子妄想

另一个例子是卡普格拉妄想症。此类患者一般都很清醒，但是会把父母、配偶、子女看成是“骗子”，认为他们是与自己亲人相貌相似的冒牌货。据记录，很多卡普格拉患者大脑都曾受过损伤。

最近有一种观点认为，这种妄想可能是面孔失认症（见 120—121 页）的“镜像”。面孔失认症患者似乎能够正常对面孔进行有意识的视觉感知，但有意识的视觉感知与 (a) 身份识别和 (b) 面部识别的情绪感觉之间的关系却是断开的。

面孔失认症患者有意识地看着他的父亲。他能够识别身份和情绪，但这是在无意识中进行的。

事实证明，失认症患者对熟悉的面孔会有肢体上的反应，而且在识别名人与姓名的组合时，他们学习正确组合时的速度比学习错误组合时要快。

卡普格拉妄想症患者能够像正常人一样有意识地识别人脸，也能有意识地识别身份，但是识别人脸之后不管是在有意识还是无意识的情况下都不能产生情绪感觉。患者能够看到并确定父亲的身份，但是在识别父亲时却感受不到情绪的“闪光”。面对自己没有情绪反应的情况，妄想父亲是骗子可能是他能作出的最合理的解释——远没有承认自己失去了情绪反应能力那么可怕。

该患者在见到父母时会表现出卡普格拉妄想症，但是通过电话听到他们的声音时却不会有这样的症状。不管是面对熟悉的面孔（包括父母）还是陌生的面孔，他作出的情感反应都是一样的。

## 通过研究大脑我们能对思维有哪些了解？

我们可以把大脑看成是由许多自然计算机组合而成的统一系统，每台计算机都通过遵循自己的一套规则（算法）来解决特定的问题。因此，V1 和 V2 负责对视网膜上光的变化作出反应。V3、V4 和 V5 各自获取该信息的一部分，并分别负责计算形状、颜色和运动。之后，这些信息被传入负责确定物体和识别人脸的颞叶区域以及负责产生空间感觉的顶叶区域。大脑的每个区域都像是系统中的一台电脑，彼此相互连接。只有在整个系统中相互配合工作时，单个大脑区域的工作才是有意义的。

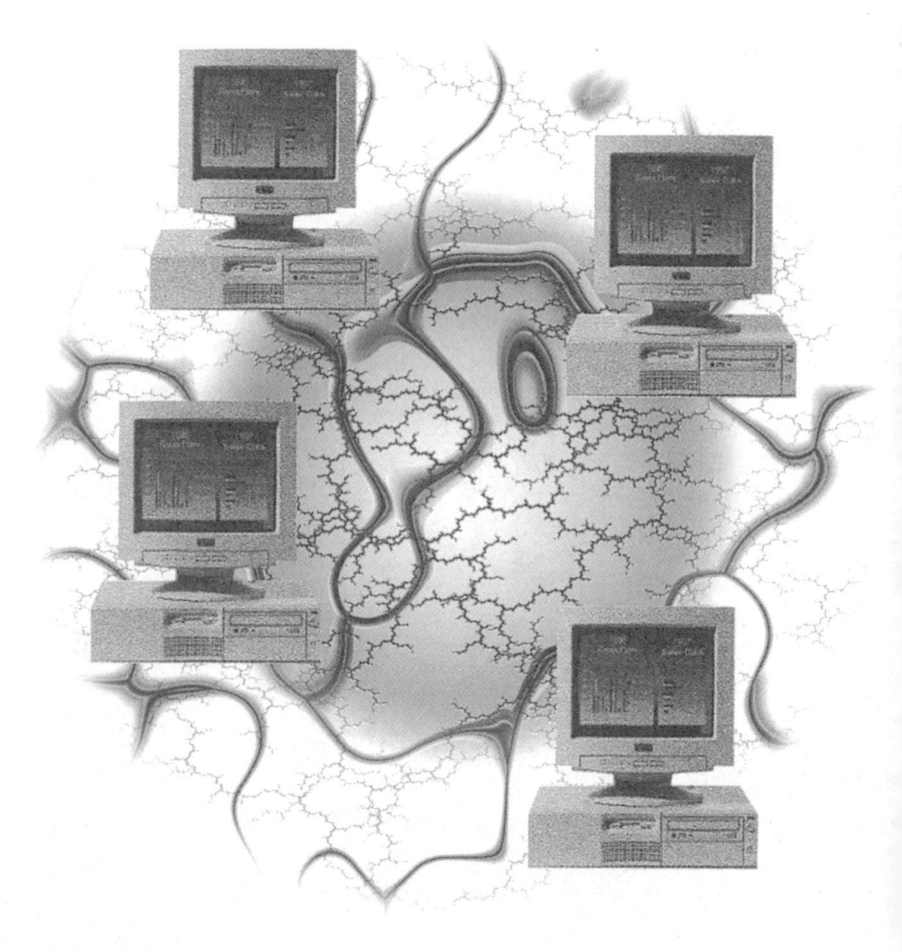

与之类似的是，只有在血液循环系统中，心脏的供血运动才是有意义的。

也可以把每个大脑区域（或计算机）本身看成一个系统，其各组成部分协同工作，以使该区域在更大的系统中发挥作用。同样的，可以把心脏看作是由肌肉、管道、心室和瓣膜等组成的系统，各部分共同作用实现供血运动，以使心脏在血液循环系统中发挥作用。

复杂系统本身就处于其他复杂系统之中。要找到层次结构的最底层是不可能的，因为我们总是能够再作出进一步的分析。例如，我们已经清楚，“视觉”和“记忆”等术语的含义很广泛，包括许多不同的程序与功能。

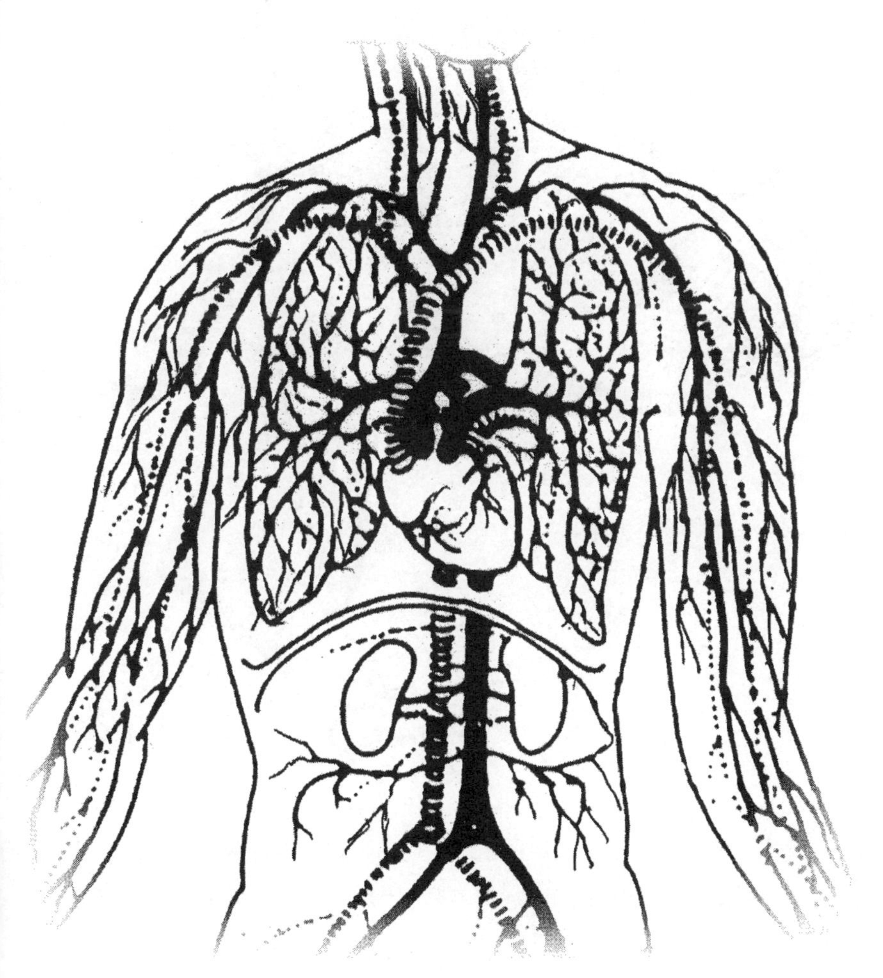

## 思维的进化

为什么思维能够进化呢？我们认为这是为了便于灵长类动物解决在野外生存面临的问题。

色觉能够帮助它们在绿叶中找到色泽鲜艳的水果。

记忆中的认知图能帮助它们在第二天或下一年找到相同的果树。

然而，灵长类动物是群居动物，它们不仅要考虑自然条件，还要应对社会环境。社会智力假说认为，促进大脑 / 思维进化的是复杂的社会环境而不是自然环境。

## 社会智能

当然，群居并不能保证进化出较大的大脑，蚂蚁就是一个例证。然而，蚂蚁似乎并不把彼此作为单独的个体来看待。所有工蚁都是一样的，因为它们的行为都是先天的，而且十分相似。相比之下，能够学习很多行为的动物则不那么容易替换彼此。

每个动物都会学习技能，而个体之间又存在差异。因此，能够识别不同个体的能力就显得十分重要，由此发展出了识别不同面孔的大脑系统。对于能够通过视觉识别彼此的动物而言，这一技能很有价值，因为很快它们就能知道在各种情况下哪些个体可以依靠，哪些不可以依靠。

人类并不是唯一参与这种“社会交易”的群体。要做到这一点，动物不仅要识别面孔，还要能够预测个体行为。它们必须能够体会其他同伴的“个性”。

## 思维解读

最近有人提出，复杂的视觉系统能让我们体验到不同形状、颜色、位置和运动的物体世界，同样，大脑中也有一个“思维解读”模块，能够让我们体验到性情、喜好各不相同的个人世界。人们认为负责解读思维的大脑区域包括杏仁核、颞上沟、内侧额叶皮层和眶额叶皮层。

如果思维解读模块确实存在，那么与视觉系统受损会产生异常的视觉体验一样，思维解读模块受损也会导致其思维出现不正常的情况。

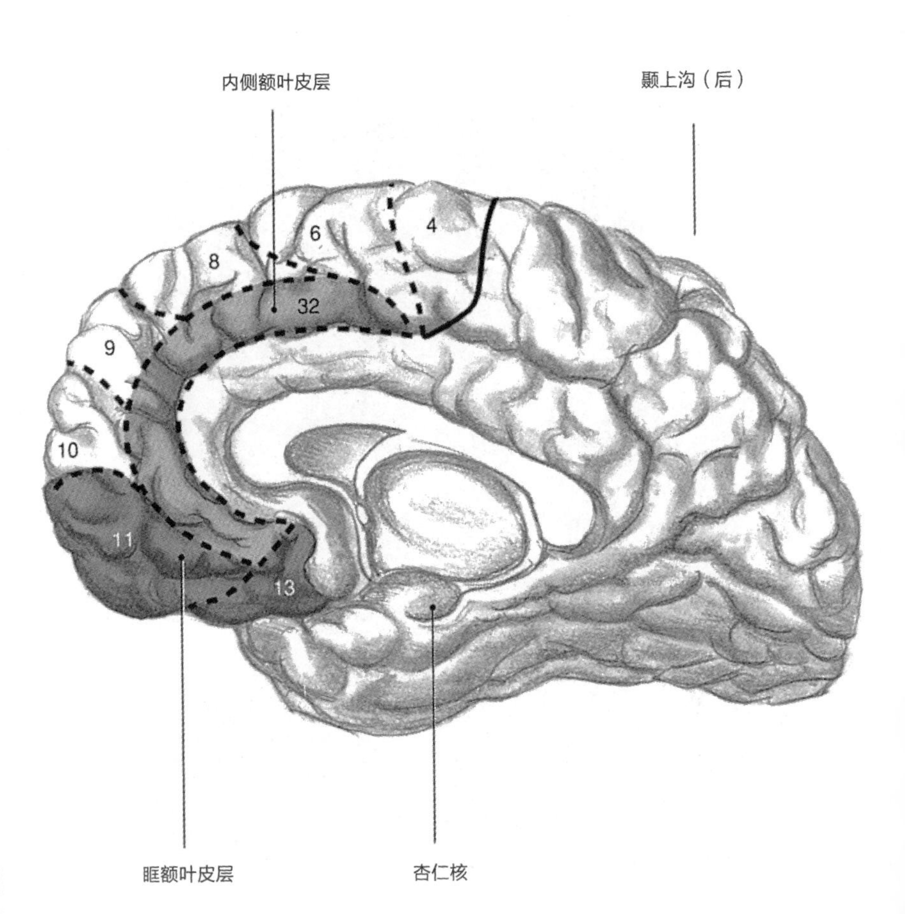

自闭症患者的思维解读模块可能受到了损伤。他们似乎成了“思维盲人”，不能体会其他人的心理状态。

以下为患者不能解读他人心理状态的例子。一位成年女性向一个自闭症男孩展示一个装糖的盒子。

普通儿童和患有唐氏综合征的儿童都能轻松通过这项测试，自闭症儿童却不能。他们似乎不能理解其他人的心理状态。

## 心理状态存在于我们的体验之外吗?

如果人们可能成为心理状态的思维盲人，那是否意味着我们体验不到的心理状态就是不存在的? 这一问题也同样适用于颜色。是色盲患者感觉不到世界上有待发现的颜色吗? 还是说色盲症表明颜色仅存在于我们有意识的体验中?

我们可以用“痛苦盲人”来作比喻，他们感受不到疼痛，所以经常会让自己受伤。这类人不知道世界上有疼痛，也感受不到疼痛。疼痛是“我们的”或根本不存在。这是我们的体验。如果用这种方式思考，颜色似乎也是我们的体验。

看到水仙花会让你感受到黄色。

正如被刺到时你会感受到疼痛一样。

## 海德实验

与另一个人相遇能让你感受到对方的心理状态。正如纵向移动的火柴棒能触发蟾蜍的狩猎反应一样，表面像人的物体也能让我们产生心理状态体验。

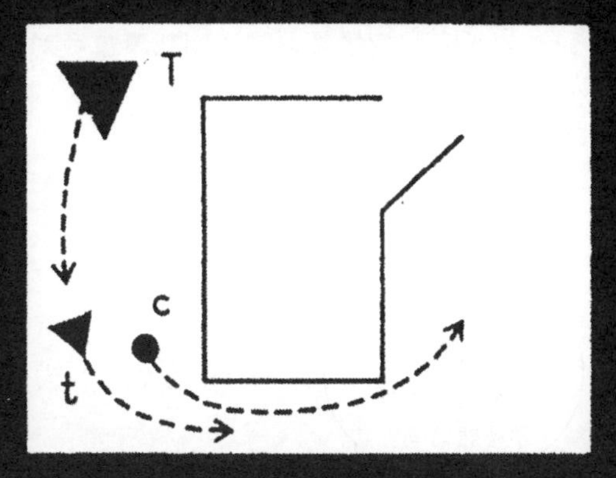


几乎所有能够自主运动、变化的物体都能引起我们的心理反应。人们会把心理状态及性格投射到动物、行星、河流、火山、风、海、车、船以及——在一个著名的实验中——在平滑表面移动的几何形状上。

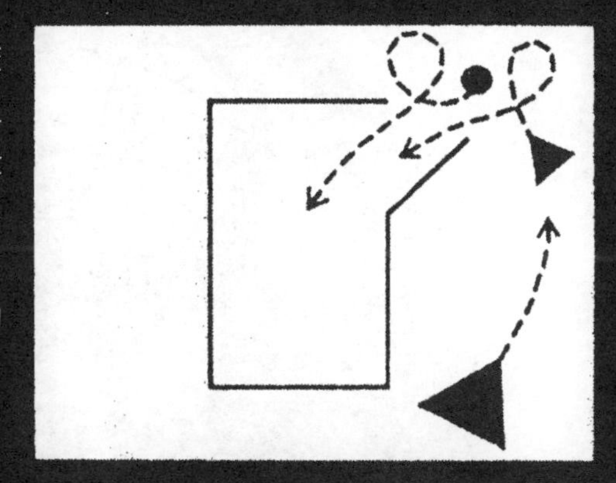

“小三角和圆都害怕大三角。大三角把小三角和圆赶进房子里并关上了门，要困住它们。”

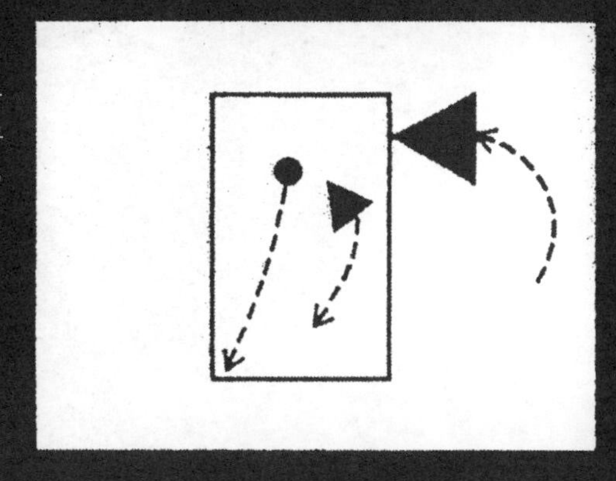

我们已经清楚视觉和记忆都由许多部分、过程组成。常识性大众心理学的其他内容也经不住仔细推敲。情绪、注意力、行为与自我一经仔细研究都分裂成了许多部分。自我有许多种，其中最为重要的是叙事自我。但是大脑受损的人会虚构情景，这表明叙事自我对个体行为的理解是有限的。而现在又有人提出人类的心理状态仅存在于个人的体验之中。

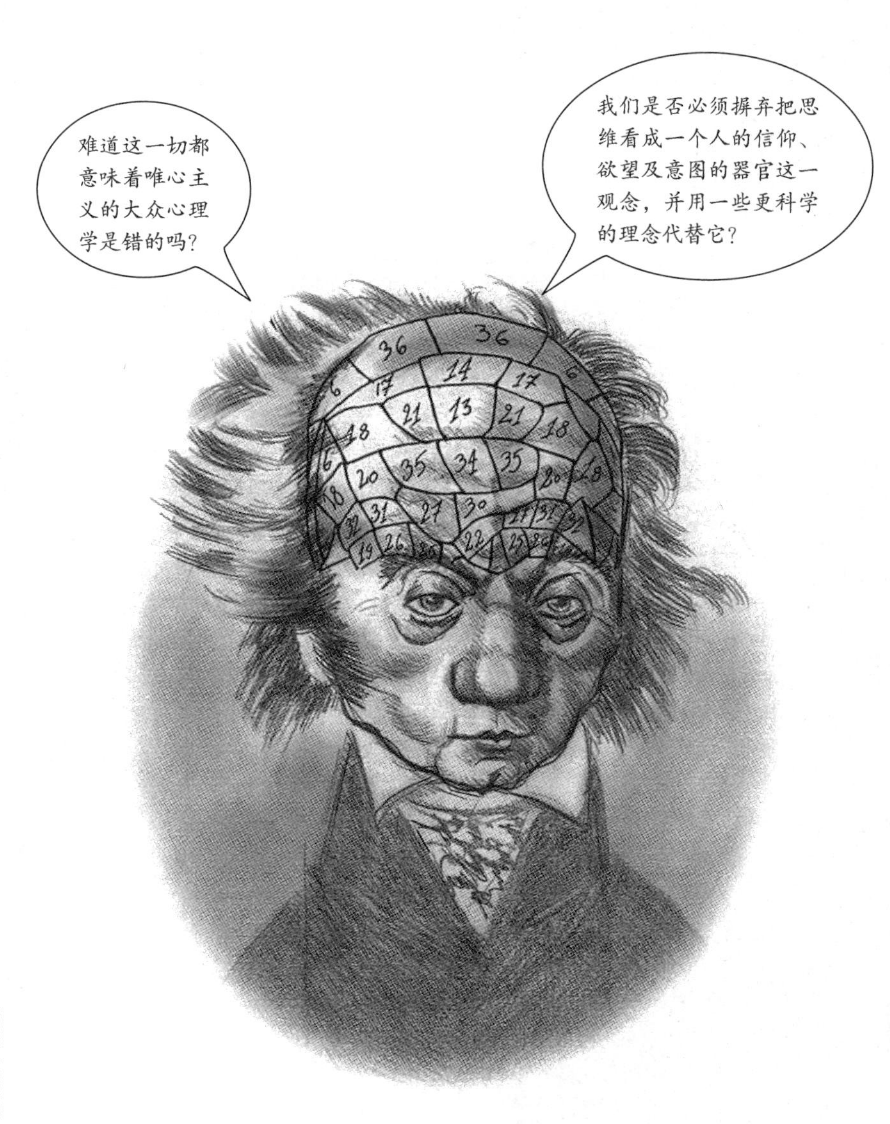

难道这一切都意味着唯心主义的大众心理学是错的吗？
我们是否必须摒弃把思维看成一个人的信仰、欲望及意图的器官这一观念，并用一些更科学的理念代替它？

这个问题必须用一个响亮的是或不是来回答。

## 个人责任的意义是什么?

如果心理状态仅存在于其他人的体验之中，同时自我不是单一的道德代表，而是由许多部分组成的，那么道德后果是什么？当然，我们的文化主张要依赖个人道德责任的概念。

那么，希腊人是如何处理这一问题的呢?

在《荷马史诗》中，许多人原谅了自己可怕的行为，因为他们认为自己除此之外别无选择。受害方也接受这样的解释，同时用相似的理由解释自己的行为，但是这并不能阻止他们复仇的行为。希腊人认为即便你对某个行为没有责任，也可以对其负责。这与父母应对自己年幼子女的行为负法律责任如出一辙。

荷马的《伊利亚特》讲述了阿伽门农国王从阿基里斯夺走人质布里塞伊丝的故事。

进化让人们的大脑变得非常相似，所有社会中的人，包括古希腊人，都会“解读”行为背后的内容，即我们现在文化中所说的意图、欲望与信仰。对我们而言，这些是“心理状态”，能预示并引发某些行为。

除了特殊情况下我们不计较责任，我们一般会把责任归咎于某些个人。

其他社会可能会倾向于解读行为脾性而不是心理状态。他们会把这些脾性归因于神或巫术，但也不会赦免个人对自身行为应负的责任。

## 犯罪与惩罚

社会惩罚个人的情况取决于彼此相连的各种行为，这些行为又与个人责任、个人权力、社会利益、私利、人们接受的惩罚形式等相关。在一些社会里，打孩子是违法的。而在另一些社会中，男人有权殴打妻子和子女。还有一些社会里，绝对统治者可以随意处置自己的臣民。

各个社会所能接受的行为各不相同。但是每个社会都有权对违法者采取措施，以保护社会成员免受损失或伤害。

有时，即便整个社会的人一致认为某个暴力分子精神失常，不能对自己的行为负责任，但还是会把他投入监狱（甚至处死）。然而在另外一些情况下，不能对自己的行为负责却可能成为要求减刑的合法理由，例如“挑衅”或“激情犯罪”。大家都知道司法判决的随意性很大。

与希腊人相比，我们在处理这些难题时并没有进行更清晰的讨论或在更大程度上达成一致。

但是我们对这些问题的讨论与思考方式却与他们不同，因此我们的生活方式也与他们不同。

对大脑的研究告诉我们，毫无疑问，人类是非常复杂的。行为是许多脑模块共同作用的结果，没有某个单一的自我能够控制所有的行为。但这并不意味着“众所周知的道德”的终结，而是意味着逐渐的转变。“众所周知的道德”是我们在思考个人责任、自由意志、权利、私利以及社会利益过程中历史发展的产物。

在英国，仅仅 200 年前，偷羊的孩子会被处以绞刑，而妇女也不享有与男子平等的政治权利。

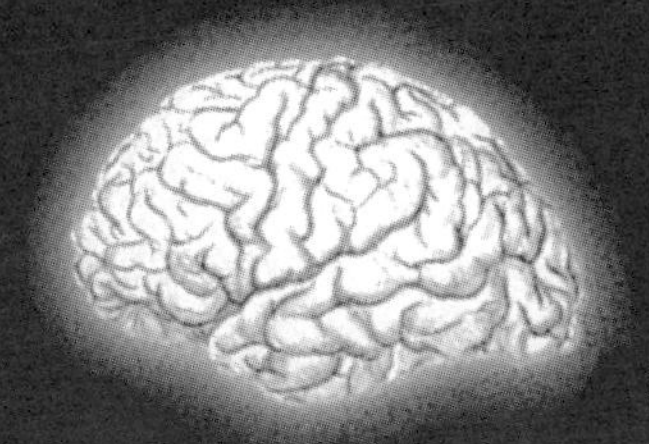

# 拓展阅读

还有很多书都或多或少涉及了本书中所介绍的知识，其中有些书是我们这本书的基础，特此向大家推荐这些书目。

## 神经科学史方面的书籍

*The human brain and spinal cord: a historical study.* E. Clarke and C.D. O' Malley. University of California Press, 1968. 本书主要介绍了大脑知识和思想发展的历史，内容博大精深。

*Origins of neuroscience.* S. Finger. Oxford University Press, 1994. 这是一本引人入胜、精彩绝伦的思想史书籍。

## 思维、希腊人与读写能力方面的书籍

*The origins of European thought.* R.B. Onians. Cambridge University Press,1954. 在希腊文化对欧洲智力形成所产生的影响方面，该书作出了权威分析。

*The origins of consciousness in the breakdown of the bicameral mind.* J. Jaynes. Houghton Mifflin, 1976. 本书中，作者对许多早期文学作品（包括《荷马史诗》）进行了大胆又引人深思的解读。

## 大脑与行为方面的书籍

*The brain.* Scientific American Library, 1979. 该书有选择性地介绍了大脑的结构与功能，易于理解，可读性强。

*Mind and brain.* Scientific American Library, 1992. 本书中，作者有选择性地对当前知识进行了研究，易于理解，可读性强。同时书中的插图非常棒。

*Cognitive neuroscience: the biology of the mind.* M.S. Gazzaniga, R.B.Ivry and G.R. Mangun. Norton & Co., 1998. 本书是三位业界领军人物对整个主题的最新介绍，内容十分精彩。

*A vision of the brain.* S. Zeki. Blackwell Science, 1993. 在这本书中，一位著名的视觉科学家为我们展示了关于视觉大脑的数百年研究，内容引人入胜。

## 人类神经心理学方面的书籍

*The man who mistook his wife for a hat.* O. Sacks. Duckworth & Co., 1985. 本书是一本经典案例集，体现了深刻的人文关怀，可供大众读者阅读。

*Clinical neuropsychology.* J.L. Bradshaw and J.B. Mattingley. Academic Press, 1995. 本书条理清晰、结构清楚，主要介绍了对头部受伤者的研究。

*Fundamentals of human neuropsychology.* B. Kolb and I.Q. Whishaw. W.H.Freeman & Co., 1996. 如果想知道灵长类动物大脑的结构与功能，本书可以作为综合标准文本。

## 作者

安格斯·格拉特利（Angus Gellatly）目前是基勒大学心理学系负责人。他的主要研究领域是视觉感知与认知，闲余时间也曾写过小说。

## 插画师

奥斯卡·萨拉特（Oscar Zarate）曾为关于弗洛伊德、史蒂芬·霍金、列宁、黑手党、马基雅维利、量子理论和梅兰妮·克莱因等的入门指南绘制插图。他还创作了许多著名的漫画小说，其中包括荣获1994年威尔·艾斯纳最佳漫画小说奖的《小杀戮》（*A Small Killing*）。此外，他还编辑了1996年出版的《伦敦的黑暗》（*It's Dark in London*）系列漫画小说。

**图书在版编目（CIP）数据**

思维与大脑 /（英）安格斯·格拉特利（Angus Gellatly）著；（英）奥斯卡·萨拉特（Oscar Zarate）绘；彭扬，姜莉译. — 重庆：重庆大学出版社，2019.12

书名原文：Mind&Brain

ISBN 978-7-5689-1842-8

Ⅰ. ①思… Ⅱ. ①安… ②奥… ③姜… ④彭… Ⅲ. ①脑科学②思维科学 Ⅳ. ①Q983②B80

中国版本图书馆CIP数据核字（2019）第245103号

## 思维与大脑

SIWEI YU DANAO

〔英〕安格斯·格拉特利（Angus Gellatly） 著

〔英〕奥斯卡·萨拉特（Oscar Zarate） 绘

彭 扬 姜 莉 译

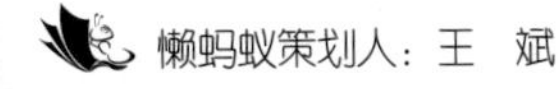
懒蚂蚁策划人：王 斌

策划编辑：敬 京

责任编辑：李桂英　　版式设计：原豆文化

责任校对：万清菊　　责任印制：张 策

*

重庆大学出版社出版发行

出版人：饶帮华

社址：重庆市沙坪坝区大学城西路21号

邮编：401331

电话：（023）88617190 88617185（中小学）

传真：（023）88617186 88617166

网址：http://www.cqup.com.cn

邮箱：fxk@cqup.com.cn（营销中心）

全国新华书店经销

重庆市国丰印务有限责任公司印刷

*

开本：880mm×1240mm 1/32 印张：6 字数：218千

2019年12月第1版 2019年12月第1次印刷

ISBN 978-7-5689-1842-8 定价：39.00元

---

版贸核渝字（2018）第220号